從最初最基本的麵包製作

NEW BAKING GUIDE

麵|包|科|學
實作版

美味麵包研究工房「つむぎ」

竹谷 光司

大境文化

麵包製作是一生追尋的朋友。

希望大家在本書中

找到一輩子相伴的益友！

前言

接下來就一起享受麵包製作的樂趣吧。麵包製作比想像中簡單，領域也十分寬廣，但其深奧之處卻是無限的深遠開闊。而一旦被它的魅力所擄獲，那麼就會成為一生的研究了。越是深入鑽研，越能體認到麵包製作是永遠不會背叛自己的終生伴侶。

與很多家庭製作麵包書相比，本書的目的在於儘可能用簡單易懂的語言，來解說實際製作麵包的基礎，以及作為其根據的麵包製作理論。將專業麵包師傅們無意識使用的專業用語，翻譯轉換成大眾都能理解的一般語言。希望能藉此打開被雲霧繚繞麵包製作之視野，讓製作麵包越來越有趣。

世界上有各式各樣的麵包，都是各地的母親、麵包師傅們，將當地種植出的小麥發揮其最大美味，下工夫精心努力的結晶。請務必試試以自己親手製作的美味麵包，來款侍家人及周圍的朋友。

全國各地有許多像各位讀者一樣，對麵包製作抱持高度興趣的人。因興趣開始製作的同好、入行2～3年的麵包師傅…等，藉由本書能互通有無、相互指導、競賽、品嚐比較，進而找到志趣相同的夥伴，也是件令人開心且期盼的事。

我個人開始麵包製作至今近50年了。即使如此，還是有很多接下來想要進行的新嘗試，想要挑戰的新想法仍是堆積如山。如果這麼做，是否能製作出更美味的麵包呢？如果用這個，是否能夠更簡單、更輕易製作出美味的麵包呢？很樂意並期盼能在某處與大家一起享受製作麵包的樂趣！

竹谷 光司

目 次

CONTENTS

Step 1

基本的麵包5種 ⋯⋯ 13

Step 2

麵包製作的材料 ⋯⋯ 67

Step 3

麵包製作的工序 ⋯⋯ 79

Step 4

5種應用麵包 ⋯⋯ 95

「從最初最基本的麵包製作」Guide

理論之前
Step 1　首先試著製作看看

★ 使用塑膠袋、不會弄髒廚房的攪拌
★ 不會發出噪音的攪拌
★ 不時地休息靜置、輕鬆地（使用自我分解法Autolyse）攪拌

即使如此，也能烘烤出鬆軟體積膨脹的麵包！

嘗試製作時，發覺產生「？」時的思考

關於材料 → Step 2「麵包製作的材料」（P.67）
關於製作方法 → Step 3「麵包製作的工序」（P.79）

當想要進入下一個階段

請進入Step 4「5種應用麵包」（P.95）

到了這個程度，接下來就取決於自己所下的工夫了，
幾乎排放在麵包店內的品項都能烘烤得出來。

POINT 1

預備工序，塑膠袋。
之後也能輕鬆完成的麵包製作。

1

本書的混拌方法，是採用一般社團法人ポリパンスマイル協會所推廣，世界上最簡單的麵包製作，使用塑膠袋來混拌麵粉和水。不會弄髒廚房，並且在麵粉加水混拌時，也可以更簡單、均勻且快速地完成。在這個階段完成混拌，也能製作出美味的麵包。

2

除去麵包酵母、油脂和鹽之外的原料製作出麵團後，進行20分鐘的自我分解法（自行消化、自我分解）。麵粉中加水使其靜置，麵筋會自然形成。不是只有揉和的方法才能使麵團結合、形成麵筋。

3

本書當中，麵團由塑膠袋取出後，也會進行以手揉和（混拌）的工序。混拌的三要素是「敲叩、延展、折疊」，其中的任何一個動作都可稱之為混拌。因此，本書是減少敲叩，而以揉和（延展、折疊）工序為主，進行混拌步驟。

4

本書當中所記述的「次數」，並沒有將塑膠袋內揉和的次數計算在內。而且這個次數是習慣麵包製作的筆者，實際製作所計算出的次數。各位讀者製作時可以增加2～3成的次數，或許能製作出更好的麵團也說不定。此外，配方分量較大時，同樣也必須增加2～3成的次數。

POINT 2

麵包的分類方法雖然各式各樣，本書是以砂糖用量爲主，副材料用量、以及有無折疊入奶油，作爲標準來進行分類。

砂糖用量（烘焙比例）	本書當中的麵包
0%	法國麵包系列（法國麵包、鄉村麵包）
5～10%	吐司系列（吐司、葡萄乾麵包）
10～15%	餐包系列（餐包、玉米麵包）
20～30%	糕點麵包系列（糕點麵包、布里歐）
30%以上	糕點麵包卷（Sweet Roll）系列
有無折疊入奶油	可頌、丹麥糕點麵包

本書在各個分類中，選出了上述的麵包作爲代表。當自己可以烘焙出想要製作的麵包時，一定會想要做出更加膨鬆、更加柔軟，也更美味的麵包。此時，就能翻開STEP2、3，藉由認識材料、邊探尋製作時的要領，邊繼續製作。在下工夫製作的過程中，麵包之路也能無限地寬廣擴展。

基本・應用的10種麵包都能熟練完成後，麵包之路將是無限寬廣

POINT 3

本書打算全部都用雙手來進行製作。專職師傅們因爲需要製作大份量備料，所以使用攪拌機。人類的雙手無論如何努力，都無法做出機器攪打出的麵筋組織。將其說明簡單圖示如下。

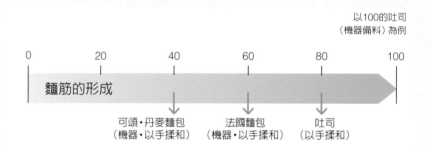

如上所示，以雙手與機器製作時，麵粉也必須要有所區分。

從古至今，麵包要能膨鬆鼓脹起來，有其必要條件。

① 蛋白質含量較多且強的麵粉，要用力道強烈、高速的攪拌機來攪拌。

② 蛋白質含量較少且弱的麵粉，要用力道較弱、低速的攪拌機來攪拌。

③ 蛋白質含量中等的麵粉，則以中速的攪拌速度進行攪拌。

也就是說，即使購買了高蛋白質含量的麵粉，自己的雙手無法產生與高速攪拌機匹敵的力道及速度，則無法完成同樣筋度的麵包麵團。當然，高蛋白質含量的麵粉，確實具有能讓麵包產生膨鬆鼓脹的潛在能力。但僅以雙手的力量，無法完全充分發揮它的潛在能力，半途而廢的攪拌，反而會抑制麵包的膨脹體積。所以在STEP 4當中，就是以人的雙手完成揉和麵團為前提，將使用的麵粉蛋白質含量限制在11.0～11.5%。

麵包製作的方法並非僅有一種。選擇適合麵粉的攪拌機，或是選擇能夠配合以手揉和的麵粉。基於以上的介紹，本書中STEP 4，就是選擇使用上述的③來進行。

因爲是以手揉和，所以選用這種麵粉

「從最初最基本的麵包製作」Guide

POINT 4

開始烘焙麵包之前，在此略為介紹關於專業領域的麵包。若是真的只想立刻烘焙麵包的讀者，也可以略過這個部分。在烘焙過2、3種麵包後，再次閱讀此章節，說不定或許能更快理解，也更深入。

首先，請先看「配比」。在此標示著使用的原料以及用量、比例。本書原料的種類限定為基本材料。那就是

① 麵粉		100
② 即溶乾燥酵母（紅）		a
③ 鹽		b
④ 砂糖		c
⑤ 奶油		d
⑥ 雞蛋（實際重量）		e
⑦ 牛奶		f
⑧ 水		g
合　計		X

> 本書當中，雖然水分用量是以固定數值來標示，但實際使用時會因粉類不同而有±3%程度的差異。即使如此，也一樣能夠完成麵包的製作，所以就留待下次再進行調整吧。

8個種類+α。記述的順序也有固定。①～③是麵包製作最重要的順序，④～⑧是依照水分含量的順序。如此固定的記述也能避免忘記加入。

其次，是該材料的使用量、配比，世界各地的麵包店、蛋糕店在記述麵包配比（材料的比例）時，使用的和我們在學校所習得的百分比（百分率）數字不同，稱為烘焙比例。百分比的%是以添加材料全部加入時等於100的相對比例；而烘焙比例，是以麵粉（使用複數粉類時，就是將其加總起來的全部穀物粉類）為100，相對於此其他材料的比例。以結果而言，烘焙比例當全部數字加總起來，可能是180或250，總之X（＝100＋a＋b＋c＋d＋e＋f＋g）的數字必定大於100。

可能大家會想，到底為什麼呢? 因為用這個方法記述出的配比有很多方便之處。在本書當中會不時地以烘焙比例來描述，所以請大家抱持著踏入麵包專業領域的想法，接受烘焙比例的表達方式。

POINT 5

本書當中，各種麵包的材料照片旁都同時標示出「工序流程」。

或許會覺得有點困難也說不定，但都只是重點、時間、溫度和重量標示，所以一旦習慣後，就會十分方便。專業麵包師傅僅由這樣的工序流程，就幾乎能夠理解製作方法，並且開始進行。

工序的內容、意義、重點等，會在STEP 3說明。

在下方工序流程中，希望大家關注的是操作麵團後靜置、操作後再靜置，重覆工序的流程。

在進行工序之後（無論對麵團進行何種操作），製作者和麵團都呈現疲累狀態，所以請務必留下靜置時間。這樣的狀態稱之為「加工硬化」和「結構鬆弛」。也就是一旦進行某個工序（操作加壓麵團），麵團就會引發「加工硬化」的狀態，所以之後必須要留下靜置「結構鬆弛」的時間，這就是麵包製作的理論（麵粉麵團的特性）。藉由這樣的過程，可以將加諸於麵團的壓力減至最小，進而烘烤出體積大且膨鬆鼓脹的麵包。這些工序，則以如下所標示的流程來進行。

所需的時間及環境各不相同，但麵團在流程中會變硬或變軟的原由，也請大家務必瞭解。

工序流程（例）

攪拌	混拌材料並將其整合為一	加工硬化	操作後、變硬
發酵時間（27℃、75%）	使其發酵、使麵團膨脹	結構鬆弛	靜置、變軟
分割·滾圓	將麵團分切成預定的重量、滾圓	加工硬化	操作後、變硬
中間發酵	靜置完成分切的麵團	結構鬆弛	靜置、變軟
整型	整理成烘烤完成時的形狀	加工硬化	操作後、變硬
最後發酵（32℃、80%）	最後發酵。使麵團膨脹	結構鬆弛	靜置、變軟
完成烘烤（200℃）	完成烘烤		

順道一提，請大家必須要瞭解，越是後半的加工硬化，對麵團的影響也會越大。

一起來理解
專業麵包師傅的「工序流程」吧

※攪拌當中標示「↓」，是在工序過程中將「↓」後記述的材料加入的意思。

POINT 6

剩餘麵團，放入冷藏室熟成，
能讓成品更加美味。

　　餐包、糕點麵包等，以250g麵粉備料時，能製作出12個成品。話雖如此，但若要製作更少的份量，反而在製作上會更加困難。當然也可以在完成麵包後分給左鄰右舍，但一開始製作時或許不是那麼有信心可以分送，這個時候請試試可以同時讓麵包變得更加美味的冷藏室熟成法。這樣的方法如果熟練運用自如，就能夠在製作多一些麵團後，每天烘烤即可。

　　本書當中，各種麵包類別的「應用篇」，就有介紹麵團的冷藏熟成法。要比書中記述的預備用量更增量，一次製作大量麵團也是可以，只是麵團的揉和次數當然也會更多，因此以手揉和備量時，請視腕力和體力的臨界來進行挑戰。

關於麵包

表層外皮（Crust）：麵包的表層、外皮。

柔軟內側（Crumb）：麵包內側。外皮內側柔軟之處。

酥脆風味：多用於咀嚼時感到酥脆。

內部狀態：麵包中央內部的狀態、氣泡（氣泡的形狀）。攪拌、發酵後呈現的樣態。

哈斯麵包（hearth bread）：「hearth」是爐床（放置麵包麵團加熱的位置）的意思。因此直接在爐床（通常法國麵包專用烤箱等石製的爐底為多）放置麵團烘烤，就稱之為哈斯麵包（底火麵包）。

硬質類和軟質類：LEAN類（低糖油成分）麵包幾乎都是堅硬地完成烘烤，所以稱為「硬質類」；副材料較多，柔軟地完成烘烤的就稱為「軟質類」。

彈韌：用於麵包時，指的是咬斷麵包的容易度。

彈韌強→不易咬斷、彈韌弱→易於咬斷

LEAN與RICH：僅以麵包製作的4種基本材料製成的麵包，就是「LEAN類麵包」。豐富地添加了其他副材料（油脂、雞蛋、乳製品）的麵包就稱為「RICH類麵包」。稱之為RICH豐富，就是因為不吝使用了大量副材料而來。

關於麵包製作

進行自我分解、進行（大量）發酵、進行最後發酵：意思是各別使麵團靜置、使其發展地「留置時間」，配合其意義地被使用。所謂「進行大量發酵」，就是包含了使其發酵，並使麵團大量膨脹的意思。

加水：為使麵粉能與水分結合而添加水分。有時也會有超過（麵粉飽和）的分量。

烤箱延展：放入烤箱的麵團，會向上或左右變大至一定的大小。

吸水、吸水率：麵粉飽含水分，或是麵粉飽和能力、比率。

割紋過輕：指法國麵包等割切的切口，無法完全達到其目的（使水分蒸發）。此外，就外觀而言，切口也無法呈現漂亮的形狀。

工序、工序流程：製作方法。最低限度的步驟，以時間、溫度（濕度）、重量來表示與呈現。

攔腰彎折：指麵包側面凹陷。

預備用水：配比中記述材料內的水分。

主要材料（主要原料）和副材料：所謂的主要材料指的就是麵包製作的4種基本材料（麵粉、麵包酵母、鹽、水），其他的都被視為副材料。

用手揉和、用手混拌、用手製作：用手揉和狹義而言，指的是不使用攪拌機而以手進行揉和，但廣義而言，指的就是至麵包製作完成為止（用手製作）。還不到揉和，僅將材料混合的程度（洛斯提克Rustique等），也稱為「用手混拌」。

延展和伸展：本書當中平面地擀壓為「延展」，使其成為細長狀則稱為「伸展」。而難以判斷時，則標示為「延伸展開」。

配比：材料、其必要用量以及比率的呈現。幾乎可以想成是用於料理烹調時的「食譜材料」。

復溫：於冷藏或冷凍中冰涼的麵團，放置恢復至室溫。

攪拌：混合材料，以「延伸展開、折疊、敲叩」三大要素進行攪拌，也可以稱為「搓」、「揉」、「揉和」來表現。

烘烤收縮：麵包烘烤完成放涼後，伴隨氣體的收縮而使麵包縮小。

STEP 1

基本的麵包5種

Step 1，是以初級麵包製作為主，將排放在
麵包店內的麵包分成五大類，並介紹其代表性
的配方及工序。

溫度、濕度等雖然以數字標示，但在尚未習慣
時，可以不需要那麼在意，請試著大約地揉
和、靜置、烘烤。此時，將自己製作的時間、
溫度記錄下來，那麼第二次就可以更熟練、做
得更好。所以首先，試著製作看看吧。

餐包

TABLE ROLLS

圓餐包

蝴蝶餐包

三輪餐包

以初次挑戰麵包製作而言，這是最容易製作的麵包配比。以這樣的配方，烘烤成吐司型狀就成了風味濃郁的「飯店麵包」（指高級飯店內供應的麵包），包裹上紅豆餡，就能變身成糕點麵包。某個程度而言，這也可說是萬用配方了。

咖哩麵包

奶油卷

花型餐包

工　序

■ 攪拌	用手揉和（40次↓ IDY10次 AL20分鐘 150次↓鹽・奶油150次）
■ 麵團溫度	28～29℃
■ 發酵時間（27℃、75%）	60分鐘　排氣按壓　30分鐘
■ 分割・滾圓	40g
■ 中間發酵	20分鐘（奶油卷形狀10分鐘↓10分鐘）
■ 整型	圓形、奶油卷　其他
■ 最後發酵（32℃、80%）	50～60分鐘
■ 烘烤完成（210℃→200℃）	8～10分鐘

IDY：即溶乾燥酵母　AL：自我分解

配比（材料）

Chef's comment 材料的選擇方法

請從超市架上排放的麵粉當中選取麵包用粉（高筋麵粉）。不拘廠牌、國產或進口，但因選取的種類不同，水分的添加也會略有差異。

麵包酵母有各式各樣的種類。請選用本次使用的即溶乾燥酵母（紅）。

請使用一般廚房中所使用的食鹽。

平常一般料理用的即可。當成為麵包製作高手時或許可以區分使用，但製作完成的麵包不會有太大的不同。請先從周圍容易取得的即可。

請使用廚房中一般可見的奶油、乳瑪琳、豬油等固態油脂。在此使用的是無鹽奶油。

書中所記述的重量，指的是去殼後的全蛋重量。蛋黃和蛋白均勻混拌後使用。

冷藏室中常備的牛奶也沒關係。使用了牛奶可以讓風味及烘烤色澤更佳，雖然會帶給麵包正面的影響，但若是擔心過敏的人，也可用豆漿或水來取代。

用一般的自來水即可。日本的自來水是「微軟水」，適合麵包製作。

40g的麵團12個的份量

材　　　料	粉類250g時（g）	烘焙比例%（%）
麵粉（麵包用粉）	250	100
即溶乾燥酵母（紅）	5	2
鹽	4	1.6
砂糖	32.5	13
奶油	37.5	15
雞蛋	37.5	15
牛奶	75	30
水	50	20
合計	491.5	196.6

其他材料

刷塗蛋液（雞蛋：水＝2：1，加入少許食鹽而成）
適量

內餡用咖哩　適量

攪 拌

1

將粉類和砂糖放入塑膠袋內,使袋內飽含空氣地充分搖晃。以單手抓緊閉合袋口,另一手按壓塑膠袋底部邊角地晃動,如此的動作能使袋子成為立體狀,讓粉類更容易均勻混合。

2

在袋內加入充分攪散的雞蛋、牛奶和水分。

3

再次使塑膠袋飽含空氣成立體狀,使麵包麵團撞擊塑膠袋內側般地確實強力搖晃振動。

4

當袋內材料成為某個程度的塊狀時,直接在塑膠袋上方確實搓揉。

5

把塑膠袋內側翻出,將麵團取出放至工作檯上。以刮板將沾黏在塑膠袋內的麵團刮落。

6

在工作檯上,按壓麵團「延伸展開」與返回的「折疊」視為一次,約揉和40次,加入即溶乾燥酵母,再揉和約10次。

7

注意避免乾燥! 保持適溫!

在此,停止攪拌留下自我分解的時間。麵團滾圓、閉合處朝下放置於缽盆(先薄薄刷塗了奶油)中。避免乾燥地包覆保鮮膜約放置20分鐘。

自我分解→詳細請參照P.83。

自我分解前　　自我分解20分鐘後

8

即溶乾燥酵母均勻地混入其中。約揉和150次(揉和)。

關於攪拌

● 攪拌

　本書當中所要介紹的是不同於以往的攪拌方法，也就是使用塑膠袋的方法。不會弄髒廚房、減少了需要清洗的工具，所以也是最適合忙碌者的方法。

　在不過於薄透的塑膠袋內放入麵粉、砂糖，或是乾脆將麵粉放入塑膠袋內來量測，也更能省下多餘步驟。接著使塑膠袋飽含空氣地用力振動搖晃使材料均勻混拌。

　接著放入攪散的雞蛋、牛奶、水以及空氣一起，像氣球般形狀地再次用力搖晃振動。使袋內的麵包麵團像敲叩般地劇烈拍打在塑膠袋內側，用兩手使麵包麵團整合為一。

　其次，是從塑膠袋表面進行麵包麵團的揉和，為使麵包麵團中的麵筋組織可以更加強，且有力連結地重覆同樣的動作。麵團某個程度整合之後，再將塑膠袋外翻，取出麵團放在工作檯上。沾黏在塑膠袋內的麵團，也請用刮板仔細地刮下，這些都是量測內的材料用量。接著再揉和麵團約40次，加入即溶乾燥酵母後，請再揉和10次。

　對於專業麵包師傅而言，理所當然需要進行攪拌過程中的「靜置」，也是攪拌的手法之一。即使是靜置的時間，麵包麵團的麵筋仍會薄弱地延展著，使麵包麵團更加熟成膨脹，這其實是可以由科學層面來理解的。這個方法就稱之為「自我分解」，詳細部分記述於P.83，在此也積極地採用了這種手法，可以更輕鬆地推進攪拌工序。

　麵團整合為一地放入缽盆後，避免乾燥地使其靜置。這就是自我分解。通常這個工序成果需要20～60分鐘才能呈現，因此靜置時間為20分鐘。僅僅靜置，就可以大幅減輕後續的工序。

　20分鐘後，再次重覆「延伸展開」、「折疊」的工序150次。接著將鹽和奶油抹在麵團上。若是要更加提高效率，則可以將麵團切成小份，將一塊麵團延展之後，塗抹鹽和奶油，之後再覆以延展後的麵團，並擺放鹽和奶油地重覆進行工序。

　後面再接著進行150次揉和工序，麵包麵團會如照片般可以被薄薄地延展開時，即已完成。（請參照P.19確認麵筋狀態的照片）

提高效率的重點

麵團分切成小塊，分別薄薄地延展後，重疊放置，可以更有效率地進行攪拌工序。

工作檯的溫度調整

在大的塑膠袋內裝入約1ℓ的熱水（夏天時是冰水），擠出空氣後，使其不會外漏地栓緊袋口，放置在工作檯不使用處，不時地與使用處交替放置。邊溫熱（冷卻）工作檯邊進行攪拌工序，比調整室溫更具效果。工作檯如照片般使用石製品會有較佳的蓄熱性。請務必一試。

麵團溫度

9

推開麵團加入鹽和奶油。

10

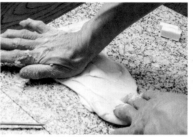

重覆150次「延伸展開」、「折疊」的組合動作，使麵團結合。將麵團切成小塊，延展後重疊放置（請參照P.17）重覆進行，可以方便工序的完成。

11

確認揉和完成的麵團溫度（期待值是28～29℃）。

麵團發酵（一次發酵）

注意避免乾燥！保持適溫！

12

整合麵團，放回7的缽盆中。避免乾燥地覆蓋上保鮮膜，放置於27℃的地方約60分鐘。

13

待膨脹至適度大小時，以手指按壓測試後，由缽盆中取出，輕輕按壓排氣。

注意避免乾燥！保持適溫！

14

再次放回缽盆中，覆蓋保鮮膜，與12相同的環境下再次放置發酵30分鐘。

分割·滾圓

15

將麵團切分成40g X 12個。

16

輕輕滾圓。

中間發酵

注意避免乾燥！保持適溫！

17

放置中間發酵20分鐘。奶油卷整型時，中途10分鐘後要將形狀整型成圓錐形（蕗蕎形）。（→P.19）

關於揉和完成至中間發酵

● 麵團溫度

製作麵包麵團時，溫度非常重要。請將麵團的目標溫度設定在28～29℃。因此夏天要使用冰水、冬天要使用溫水。專業麵包師傅會因此而嚴格管理使用水分的溫度，但入門初學階段，只要有溫度管理的概念即可。像P.17所述地在石製工作檯上放置溫水（冰水）後進行工序，也是一個方法。

● 麵團發酵（一次發酵）與按壓排氣

放入缽盆並覆蓋了保鮮膜的麵包麵團，最適合的發酵場所是27℃、75%，但只要能瞭解目標，在周圍環境許可的範圍下進行即可。

如果可能的話，請將覆蓋了保鮮膜的缽盆放置在保溫效果良好的保麗龍箱內、或漂浮在浴槽內、或暖氣桌下方、又或是房間中最溫暖的位置。希望大家能理解的是，溫暖的空氣其實是比較輕盈的。也就是同一個房間內，靠近天花板附近會比較溫暖，而地板附近是比較涼的。

放置60分鐘後接著是按壓排氣。按壓排氣的時間點，則視「手指按壓測試」決定（請參照右側照片）。

按壓排氣，指的是輕輕將已經產生的氣體排出，再將麵團滾圓。目的有很多，但都是為了賦予麵團力量。可以提高麵團的彈力，同時也能烘烤出側邊可以漂亮鼓脹起來的麵包。

● 分割・滾圓

一般是40～50g。一次就要切分成剛好的大小很困難，一定會有不足或過量的情況，此時請不要撕扯麵團，務必要以刮板（或是刮刀（scraper）、平刮板（dredge）、刮片（card））切分，以求儘量不要損傷麵團。

將分割後的麵團滾圓，一開始可能無法順利完成。此時可以將麵團對折疊放。接著90度旋轉方向後，同樣對折。如此進行4～5次，就能成為表面光滑的圓形了。

● 中間發酵

在與麵團發酵同一地點，避免麵團乾燥地放置10～20分鐘。利用這個時間使變硬的麵團可以再次變軟、變成容易整型的狀態。

確認麵筋狀態
以指尖試著延展麵團，即可知道麵筋的連結程度。詳細請參照→P.85

手指按壓測試
以蘸了粉類的中指，從麵團正中央深深地插入。即使手指拔出後，按壓在麵團的孔洞仍保持殘留狀態時，就是按壓排氣的最佳時機。

製作奶油卷形狀的麵包時，在中間發酵10分鐘後，將其整型成圓錐形（蒟蒻形）。

整型

18

奶油卷

將圓錐形（蕗蕎形）的麵團擀壓延展成等邊三角形，由底邊開始輕輕捲起。

19

蝴蝶形

細長伸展的麵團三折疊後放置。使左右端在中央處交叉，兩端向下捲入。

20

三輪形

麵團細長伸展後，在三等分處做出標記。持起一端，使兩個標記交叉，另一端則放入之前形成的孔洞中。
餘留的一端則向相反側捲入。

21

花形

麵團細長伸展後，以手指捲起，兩端的其中一端朝上，另一端朝下地穿過形成的輪狀，最後在內側將兩端連結，就成了沒有花芯的花形。另外，最後一端由內側穿出中央露出頂端，就會成為有花芯的花形。

Chef's comment **關於整型**

● **整型**

最理想是圓形（roll）。請用分割後的滾圓方法再次挑戰看看。不過提起餐包，大多數人的印象都是奶油卷，因此在進行奶油卷整型時，必須在中間發酵10分鐘後，將圓形變成圓錐形（蕗蕎形），再經過10分鐘放置，才以擀麵棍使其薄薄地延展，由寬大的底部朝上捲起3～4層。

整型完成時，將奶油刷塗在烤箱專用烤盤上，等距地排放。麵團在最後發酵、烤箱內，會再膨脹3～4倍，所以請考量其膨脹大小，以較大間距排放。

Bread making tips
〈 麵 包 製 作 的 要 訣 〉

為細長地伸展麵團所作的準備

壓平。

翻面後，由外側及身體方向各別折入形成三折疊。

以兩手姆指按壓中央處。

由外側向內對折閉合。

將麵團伸展成比10cm長一點的棒狀備用。

22

咖哩麵包

麵團延展成圓形後，包入咖哩內餡。捏緊閉合口，將麵團表面按壓在濡濕的紙巾上，蘸取水分後再沾裹上麵包粉。無論是圓形或船形皆可。

21

最後發酵（發酵箱發酵）·烘烤完成前的工序

注意避免乾燥！ 保持適溫！

23

放置在刷塗奶油的烤盤上，進行50～60分鐘的最後發酵。（這段時間同時預熱烤箱、放入底部蒸氣用烤盤，溫度設定210℃）

24

完成最後發酵，在麵團表面仔細地刷塗蛋液。

25

麵團放入前，在底部蒸氣用烤盤內注入200ml的水分（要小心急遽產生的蒸氣）。藉由這樣的工序，就可以避免家用烤箱烘烤過度乾燥的缺點了。

烘烤完成

26

接著立刻將排放麵團的烤盤放入。（若烤箱有分上下段時，請放入下段。一次烘烤一片烤盤）。關閉烤箱門並將設定溫度調降至200℃。

27

烘烤時間約8～10分鐘。若有烘烤不均勻的狀況產生，待烤出烘烤色澤時，要打開烤箱，將烤盤的位置前後替換。

28

待全體呈現美味的烘烤色澤時，就完成了。取出後，在距工作檯10～20cm高的位置，連同烤盤一起撞擊至工作檯上。

放入第二片烤盤時

再次將烤箱設定溫度調高至210℃，重覆24、25、26、27、28的工序。

Chef's comment

關於最後發酵至烘烤完成

● 最後發酵（發酵箱發酵）／烘烤前的工序

　　以32℃、80％為目標，在高溫下進行最後發酵。麵團表面只要不乾燥，即使溫度低也沒關係，但相對地時間必須比較長。本來最後發酵的時間較長，製作出的麵包狀態會更安定、風味更佳，所以只要避免麵團表面乾燥，放在任何場所都沒關係。例如，若是有能連同烤盤一起放入的有蓋大型保麗龍箱，則可以放入溫水和架台，再擺放烤盤使麵團發酵至2～2.5倍。若沒有箱子，也可避免觸及麵團地，用塑膠膜覆蓋放置於室溫中。

　　而完成最後發酵（發酵箱發酵）的麵團，使表面略微乾爽後刷塗蛋液。雞蛋100中加入水50，並加入少許鹽以攪拌器均勻混拌，最好是預先完成備用。

● 烘烤完成

　　以200℃，完成8～10分鐘烘烤的最後工序，無論是烘烤過度或不足，都會功虧一簣。因為前面那麼辛苦的製作，所以這個階段就請不要離開烤箱（烤窯）吧。因烤箱不同，烤箱內的前後左右可能會有不均的狀況。此時請將烤盤前後左右替換地調整，使其烘烤出均勻色澤。

　　待全體烤出美味的烘烤色澤時，請連同烤盤一起取出，並由距離工作檯約10～20cm的高度向下撞擊，使其受到衝擊。如此即可避免麵包的烘烤收縮。（詳細請參照→P.94）

Bread making tips
〈麵包製作的要訣〉

烤盤必須一次一片地放入，所以請注意避免乾燥地放置在低溫環境下。

包裝

待麵包放涼後，請儘早包裝（塑膠袋）起來。一旦放置於室溫下，則香氣和水分就會逐漸流失。

應用篇

留下麵團待日後烘烤的方法

1　分割時，取下必要用量後，其餘麵團放入塑膠袋內，均勻延展成1～2cm的厚度，放入冷藏室保存。這樣也是冷藏熟成。

2　翌日或第三天，由冷藏室取出麵團，靜置於溫暖處1小時左右。

3　確認麵團溫度達17℃以上後，接著進行從15開始的工序。

4　若想要放置三天以上，請冷凍保存。即使是冷凍保存，也請確認在一週之內完成烘烤。想要烘烤的前一天先將冷凍室的麵團移至冷藏室，再從「上述2」開始進行工序。

吐司

WHITE BREAD

吐司，不就是每個家庭、每天都想要簡單製作的麵包嗎?這樣的麵包因為配比簡單，因此製作上反而比較困難，但只要抓住一個重點－「確實地攪拌」，應該就能開拓出成功之道。另外，必須相信麵包酵母，好好地培養麵團當中的麵包酵母，就能烘烤出鬆軟噴香的美味麵包。

工　序

■ 攪拌	用手揉和（40次↓ IDY10次 AL20分鐘 150次↓鹽‧奶油150次）
■ 麵團溫度	28～29℃
■ 發酵時間（27℃、75%）	60分鐘　按壓排氣　30分鐘
■ 分割‧滾圓	323g X 2
■ 中間發酵	20分鐘
■ 整型	形成熱狗形、渦卷形
■ 最後發酵（32℃、80%）	山形：60分鐘（方形：40分鐘）
■ 烘烤完成（210℃→200℃）	25分鐘

IDY:即溶乾燥酵母　AL:自我分解

材　　　料	粉類320g（1斤）時	烘焙比例%（%）
麵粉（麵包用粉）	320	100
即溶乾燥酵母（紅）	5.3	1.6
鹽	7	2
砂糖	21	6.5
奶油	17.5	5.4
牛奶	105	32.8
水	150.5	47
合計	626.3	195.3

Chef's comment 材料的選擇方法

使用麵包用粉（高筋麵粉）。只要是麵包用粉，哪種都沒關係，但因使用的麵粉種類不同，水分的添加，以及最終烘烤出的麵包體積也會隨之不同。但都能烘烤出美味的麵包，請不需要太在意。

在此與餐包使用相同產品。若能取得麵包酵母（新鮮），也可以使用。其他形態的麵包酵母也可以。但依狀況必須做分量的調整，將會在P.71介紹。

只要是食鹽都可以使用。幾乎都是以顆粒狀態加入。很重要的是必須避免麵包酵母碰觸到鹽。本書當中採用的是麵包酵母揉和至麵團後，才添加食鹽的「後鹽法」。

只要是砂糖都可以使用。使用的標準雖然是6%，但專業麵包師傅在店內，則有2～12%的各種比例。至10%為止，製作出的麵包，給人與其說是甜味，不如說是印象強烈的濃郁美味。若是給小朋友食用的麵包，則使用略多一點糖，也沒有關係。

雖說只要是固態油脂都可以使用，但麵包的柔軟度及體積也會隨之有巨大的不同。都已經特地製作了，還是使用風味良好的奶油吧。雖然使用橄欖油也沒有關係，但使用液態油脂時，麵包的體積會略微縮小。

家庭中常備的牛奶也沒關係。在麵包店內為了方便以及成品考量，使用的是全脂奶粉、脫脂奶粉、煉乳等。

用一般的自來水即可。也有些人堅持使用礦泉水，特別是高硬度的Contrex礦泉水等，但在此並非使用特殊製法或特殊的麵包，所以一般的自來水就可以了。

攪拌

1

將粉類和砂糖放入塑膠袋內,使袋內飽含空氣地充分搖晃。以單手抓緊閉合袋口,另一手按壓塑膠袋底部邊角地晃動,如此的動作能使袋子成為立體狀,讓粉類更容易均勻混合。

2

在袋內加入牛奶和水分。

3

再次使塑膠袋飽含空氣成立體狀,使麵團撞擊塑膠袋內側般地確實強力搖晃振動。

4

當袋內材料成為某個程度的塊狀時,直接在塑膠袋上方確實搓揉。

5

把塑膠袋內側翻出,將麵團取出放至工作檯上。以刮板將沾黏在塑膠袋內的麵團刮落。

6

在工作檯上,按壓麵團「延伸展開」與返回的「折疊」視為一次,約揉和40次,加入即溶乾燥酵母,再揉和約10次。

7

注意避免乾燥! 保持適溫!

自我分解→詳細請參照P.83。

自我分解前　　自我分解20分鐘後

在此,停止攪拌留下自我分解的時間。麵團滾圓、閉合處朝下放置於缽盆(先薄薄刷塗了奶油)中。避免乾燥地包覆保鮮膜約放置20分鐘。

8

即溶乾燥酵母均勻地混入其中。約揉和150次(揉和)。

Chef's comment　　關 於 攪 拌

Bread making tips
〈麵包製作的要訣〉

● 攪拌

　基本上，與餐包的攪拌相同。

　在塑膠袋內放入麵粉、砂糖，再飽含空氣地用力混合，加入液體後，使袋內的材料像敲叩般地劇烈拍打在塑膠袋內側，使麵團整合為一。

　麵團某個程度整合之後，從塑膠袋表面進行麵團的揉和，再將塑膠袋外翻取出麵團放至工作檯上。沾黏在塑膠袋內的麵團，也請用刮板仔細地刮下。這些都是量測內的材料用量。接著再揉和麵團約40次，加入即溶乾燥酵母後，請再揉和10次。

　因副材料用量少，所以麵筋的結合、延展快，可以比餐包更輕鬆地完成攪拌。確實地攪拌可以更強化麵筋的連結，麵團能薄薄地延展開，更能烘烤出鬆軟、體積膨脹的麵包。隨便地進行攪拌工序，除了麵包體積不足之外，烘烤出的麵包，會是內側帶著黃色，味道濃重的吐司。

　在此，也使用了僅混拌材料後「靜置」的自我分解法。建議可以在材料混合後，或是疲累於「延伸展開、折疊、敲叩」攪拌工序時使用。

　確認攪拌工序要到什麼程度，則需要利用確認麵筋的方法來決定（請參照P.85）。抓取少量的麵團，以兩手指尖慢慢延展拉開麵團。最初可能無法順利完成，但重覆幾次操作後，就能夠將麵團薄薄地拉展開。這是麵包製作的基本動作，所以無論如何必須要反覆多加練習。

　一旦採用自我分解法，後面的工序就會變得更加輕鬆簡單。20分鐘後，再次重覆「延伸展開」、「折疊」的工序150次。接著將鹽和奶油抹在麵團上。此時將麵團和奶油分切成小分量，延展少量麵團之後，混入切成小塊的奶油和鹽，之後再重疊上少量的麵團，並重覆進行此工序。

　後面再接著進行150次「揉和」後，試著確認麵筋狀態。麵團會如照片（P.28 ❿）般可以被薄薄地延展開，即已完成。

工作檯的溫度調整

在大的塑膠袋內裝入約1ℓ的熱水（夏天時是冰水），擠出空氣後，使其不會外漏地栓緊，放置在工作檯不使用處，不時地與使用處交替放置。邊溫熱（冷卻）工作檯邊進行攪拌工序，比調整室溫更具效果。工作檯如照片般使用石製品會有較佳的蓄熱性。請務必一試！

27

麵團溫度

⑨

推開麵團加入鹽和奶油。

⑩

重覆150次「延伸展開」、「折疊」的組合動作，使麵團結合。將麵團切成小塊，延展後重疊放置（請參照P.17）重覆進行，可以更有效率。

⑪

確認揉和完成的麵團溫度（期待值是27～28℃）。

麵團發酵（一次發酵）

注意避免乾燥！ 保持適溫！

⑫

整合麵團，放回7的缽盆中。避免乾燥地覆蓋上保鮮膜，放置於27℃的地方約60分鐘。

⑬

待膨脹至適度大小時，以手指按壓測試（請參照P.29）發酵狀態後，由缽盆中取出。

注意避免乾燥！ 保持適溫！

⑭

輕輕按壓排氣，重新整合麵團後，放回缽盆中，覆蓋保鮮膜，在與12相同的環境下再次放置發酵30分鐘。

分割・滾圓・中間發酵

注意避免乾燥！ 保持適溫！

⑮

將麵團切分為2。

⑯

輕輕地重新滾圓。

⑰

放置中間發酵20分鐘。

 **Chef's comment**　關 於 揉 和 完 成 至 中 間 發 酵

Bread making tips
〈 麵 包 製 作 的 要 訣 〉

● **麵團溫度**

　吐司麵團的揉和完成溫度目標是27～28℃。因此夏天要使用冰水、冬天要使用溫水，但初始階段這樣的調整是有難度的，所以只要有溫度管理的概念即可。

● **麵團發酵（一次發酵）與按壓排氣**

　放入缽盆並覆蓋了保鮮膜的麵團，最適合的發酵場所是27℃、75%，但只要能瞭解目標，在周圍環境許可的範圍進行即可。

　確認揉和完成的麵團溫度，是為了萬一麵團與27℃相差太多時，可以及早應對。所以如果能確認麵團溫度及周圍環境溫度，就更容易預測發酵時間。也就是低於27℃時，發酵時間會比預定長，溫度高時則反之。詳細部分會在Step 3說明。

　放置60分鐘後，進行「手指按壓測試」以確認按壓排氣的時間點。按壓排氣後，輕輕地再次整合麵團，並放回缽盆中，覆蓋保鮮膜並於相同環境下，靜置30分鐘。

手指按壓測試
以蘸了粉類的中指，從麵團正中央深深地插入。即使手指拔出後，按壓在麵團的孔洞仍保持殘留狀態，就是按壓排氣的最佳時機。

● **分割・滾圓**

　製作吐司時必定會使用吐司模，因此必須分切成適合該模型的麵團量。在此最重要的就是事先確認自己所持有的吐司模容積。在購買吐司模時先確認好也可以，但請務必自己實際測量一次。→詳細請參照P.89。

　將分切後的麵團進行滾圓工序，無論是誰在初始階段都要很花心力。但在此，不用滾圓得很漂亮，請隨意笨拙地滾圓即可。此時若是確實滾出漂亮的形狀才是反效果。因為接下來的中間發酵工序過長，反而會烘烤出不良的麵包。

● **中間發酵**

　在與麵團發酵同一地點，避免麵團乾燥地放置20分鐘。在20分鐘之內，若麵包芯（麵團中央處的硬塊）沒有消失，就無法成為容易整形的麵團，就是滾圓過度所造成的。

　避免表面乾燥地，在麵團上覆蓋布巾或塑膠袋吧。

整型

18

輕輕拍打麵團，延展成橢圓形。

19

使用擀麵棍將其擀壓成2倍大小。

20

從麵團的上下兩端朝中央折入成三折疊。

21

閉合接口處以指尖確實按壓。

22

沿著中央線按壓。

23

使用兩手指腹，以均勻的力量按壓。

24

將麵團由外側朝身體的方向對折，閉合麵團，並整型成熱狗形。整型2條麵團。

25

熱狗形狀的麵團，由一端開始捲成渦卷狀。在吐司模內側刷塗奶油。

26

將兩個麵團閉合接口處朝下、捲起的方向相反地放入吐司模當中。（如此的放置，麵團之間各朝不同方向發酵，烘烤完成後，麵包的分界也會清楚容易分切。）

 **Chef's comment** 關 於 整 型

● **整型**

　此時的滾圓，請確實仔細地滾成漂亮的圓形。或是使用**擀麵棍**將麵團薄薄地**擀壓**後，與左側照片不同地，像壽司卷般地包捲，整型熱狗形狀也沒關係。長熱狗形由邊緣開始包捲起來之後，接合口朝下地相互填放。

　模型內要先刷塗奶油備用。

模型比容積

相對於麵包模型的容積，要放置多少麵團就是以數字表現的模型比容積。以方型吐司為例，市售的方型吐司平均值為4.0，但家庭內製作的麵包，就很難製作出這麼輕的成品，所以此次模型比容積設定為3.8。可能聽起來很困難吧，簡而言之就是模型比容積除以3.8所得的數據，也就是放入麵包模型中麵團的重量。反過來說，就是麵團膨脹成3.8倍，就成為模型的容積。這個計算方式，即使用了相同的吐司模型，數字越小的膨脹越少，數字越大膨脹越好，而能成為輕盈的麵包成品。

無論是哪一種，都會依吐司模型的大小而有所不同，將這個計算出來的麵團重量，分切成2～4個，放入麵包模型中。

例）試著實際計算麵團的分割重量。通常1斤的模型容積是1700ml，因此將其除以3.8，則得447.4。為方便計算，將其視為450g，就變成是2個225g的麵團填裝的大小。（這是製作方型吐司時的算法，山型吐司又會有所不同。）

最後發酵（發酵箱發酵）·烘烤完成前的工序

27 注意避免乾燥！保持適溫！

進行50～60分鐘的最後發酵。烘烤山型吐司時，膨脹成較吐司模型略高1～2cm的程度，最為恰當。（這段時間同時預熱烤箱、放入底部蒸氣用烤盤，溫度設定210℃）

28

完成最後發酵後，在麵團表面噴灑水霧。

29

在烤箱內放置網架（若烤箱有分上下段時，請放入下段），放入麵團前在底部烤盤內注入200ml的水分（要小心急遽產生的蒸氣）。藉由這樣的工序，就可以避免家用烤箱烘烤過度乾燥的缺點了。

烘烤完成

30

接著立刻將裝有麵團的模型放入。關閉烤箱門並將設定溫度調降至200℃。

31

烘烤時間25分鐘。若有烘烤不均勻的狀況，要打開烤箱，替換吐司模型的方向。

32

擔心烤箱頂部過低容易烤焦時，可以用像影印紙般，略有重量的紙張覆蓋在表面，堅持到麵團中央（預定的烘烤時間）都完全受熱為止。

33

待全體呈現美味的烘烤色澤時，就完成了。取出後，在距工作檯10～20cm高的位置，連同烤模一起撞擊至工作檯上，使其受到衝擊。

34

立刻從模型中取出，放置在平坦的簾架上使其冷卻。

 **Chef's comment** 關 於 最 後 發 酵 至 烘 烤 完 成

● **最後發酵（發酵箱發酵）／烘烤前的工序**

以32℃、80%為目標。溫度低時，只是需要比較長的時間，並不會有其他問題。因店家而異，也有麵包店是在15℃的低溫下放置一晚來進行最後發酵（發酵箱發酵）。但請絕對要避免麵團的乾燥。

此外，蓋上模型蓋烘烤的方型吐司（四方形），雖然會因麵團的狀態、溫度而異，但發酵後的麵團，頂端是在模型邊緣下1～2cm的狀態下放入烤箱。

想要烘烤出表層外皮（麵包的表皮）薄且具光澤的吐司時，預先將蒸氣用烤盤放入烤箱底部，在裝有麵團的模型放入前，注入200ml的水分。會急遽產生蒸氣，所以必須迅速地將吐司模放至網架上，儘可能迅速地關閉烤箱門（也請注意不要燙傷）。

● **烘烤完成**

雖然也會因麵包模型大小不同而異，但一般是以200℃，25分鐘為參考標準。一旦烤箱門開或關，都會使烤箱內的溫度急遽下降，因此最初設定為略高的210℃，在一連串的動作結束後，再將設定調降至200℃，烘烤至完成。

因烤箱不同，可能會有烘烤不均的狀況，所以此時必須注意觀察，若有需要，必須中途替換模型的前後位置。

由烤箱取出後，立即撞擊在工作檯上使其受到衝擊，以防止麵包的烘烤收縮。之後儘速地將麵包由模型中取出，放置在簾架上冷卻。此時放置在平坦處非常重要。放置在彎曲的架台或簾架上冷卻待，有可能就是攔腰凹陷彎折（caving）的原因。

有蓋模型與蒸氣

此次不使用模型蓋烘烤成山型吐司，但即使覆蓋上模型蓋，在放入烤箱時產生的蒸氣，還是能讓麵包表面產生光澤。可能大家對於有蓋吐司為什麼加入蒸氣也會有效果，而感到疑問吧，只要試著烘烤一次就能夠理解。這是因為蒸氣會由模型間隙竄入的原故。

包裝

待麵包放涼後，請儘早包裝（塑膠袋）起來。一旦放置於室溫下，香氣和水分就會逐漸流失。

糕點麵包

SWEET BUNS

小倉紅豆麵包

紅豆泥麵包

栗子麵包

糕點麵包的代表就是紅豆麵包了。由日本人研發出的麵包，也深受小朋友們的喜愛，再努力一點也可以製作出麵包超人形狀的麵包。一般被稱之為糕點麵包，無論哪一種都是由相同的麵團製成，因此只要能熟練地製作這種麵團，連奶油餡麵包或菠蘿麵包都能製作。將冰箱內的菜餚包入其中，也可以成為美味的調理麵包。試著挑戰看看吧。

菠蘿麵包

奶油餡麵包

南瓜麵包

工 序	
攪拌	用手揉和（40次↓ IDY10次 AL20分鐘 200次↓鹽・奶油150次）
麵團溫度	28～29℃
發酵時間（27℃、75%）	60分鐘　按壓排氣　30分鐘
分割・滾圓	40～50g
中間發酵	15分鐘
整型	紅豆泥麵包、奶油餡麵包、菠蘿麵包 其他
最後發酵（32℃、80%）	50～60分鐘
烘烤完成（210℃→200℃）	7～10分鐘

IDY：即溶乾燥酵母　AL：自我分解

配比（材料）

 Chef's comment 材料的選擇方法

使用麵包用粉（高筋麵粉）。但也有為了讓口感酥鬆柔軟、具有潤澤感，而使用低筋麵粉或中筋麵粉的混合粉類，在此，先試著僅以麵包用粉來製作看看吧。

因為砂糖用量較多，所以會損及麵包酵母的活性。藉著使用較大用量來彌補這個部分。
或是，也有法國麵包酵母公司，法國燕子公司SAF製作，具優異耐糖性的即溶乾燥酵母（金），使用這個也沒有關係。一般市面上常見的，是使用於無糖麵團的即溶乾燥酵母（紅）。

使用少量。因砂糖較多，因此為平衡整體風味，並避免對麵包酵母產生滲透壓的關係，所以不能使用太多。

糕點麵團的砂糖較多是其特徵。基本上是25%，但20～30%之間，無論哪種用量都沒有關係。

因砂糖用量大，很難釋放出奶油的美味，所以使用其他的油脂，像是乳瑪琳也沒有關係。

可以提升麵包的體積、烘烤色澤。並非必須，但大部分會使用。

這也非必須，但卻經常使用。相較於牛奶，專業麵包師傅大部分會使用全脂奶粉、脫脂奶粉、煉乳等。當然，也必須視情況，各別計算使用。

用一般的自來水就很足夠了。

材料	40g的麵團12個份量	
	粉類250g時（g）	烘焙比例%（%）
麵粉（麵包用粉）	250	100
即溶乾燥酵母（紅）	7.5	3
鹽	2	0.8
砂糖	62.5	25
奶油	25	10
雞蛋	50	20
牛奶	50	20
水	62.5	25
合計	509.5	203.8

其他材料

- 刷塗蛋液（雞蛋：水＝2：1，加入少許食鹽而成）
- 罌粟籽
- 紅豆泥、小倉紅豆餡、栗子餡、南瓜餡、卡士達奶油餡、菠蘿麵包表層（→P.66）　各適量

攪拌

1

將粉類和砂糖放入塑膠袋內,使袋內飽含空氣地充分搖晃。以單手抓緊閉合袋口,另一手按壓塑膠袋底部邊角地晃動,如此的動作能使袋子成為立體狀,讓粉類更容易均勻混合。

2

在袋內加入充分攪散的雞蛋、牛奶和水分。

3

再次使塑膠袋飽含空氣成立體狀,使麵團撞擊塑膠袋內側般地確實強力搖晃振動。

4

當袋內材料成為某個程度的塊狀時,直接在塑膠袋上方確實搓揉。

5

把塑膠袋內側翻出,將麵團取出放至工作檯上。以刮板將沾黏在塑膠袋內的麵團刮落。

6

在工作檯上,按壓麵團「延伸展開」與返回的「折疊」視為一次,約揉和40次,加入即溶乾燥酵母,再揉和約10次。

7

注意避免乾燥! 保持適溫!

自我分解→詳細請參照P.83。

自我分解20分鐘後

在此,停止攪拌留下自我分解的時間。麵團滾圓、閉合處朝下放置於缽盆(先薄薄刷塗了奶油)中。避免乾燥地包覆保鮮膜約放置20分鐘。

8

由缽盆取出,即溶乾燥酵母均勻地混入其中。約揉和200次(揉和)。

`Chef's comment` 關於攪拌

● 攪拌

　這款麵包也同樣地使用塑膠袋開始製作。在量測用量時，不僅是粉類，連同砂糖、鹽，都可以各別使用塑膠袋，之後裝過鹽的塑膠袋可以成為鹽專用袋地再利用。也可以減少必須清洗的工具，在頻繁製作麵包時，我都是這麼進行的。

　塑膠袋內，首先將麵粉、砂糖放入，並用力使其均勻混拌地振動搖晃。接著放入攪散的雞蛋、牛奶、水以及空氣一起，像氣球般形狀地再次用力搖晃振動。使袋內的麵團像敲叩般地劇烈拍打在塑膠袋內側，使用兩手使麵團整合為一。

　其次，為使麵團中的麵筋組織可以更加強且有力連結，所以從塑膠袋表面進行麵團的揉和，並重覆持續同樣的動作。麵團某個程度整合之後，再將塑膠袋外翻，取出麵團放至工作檯上。沾黏在塑膠袋內的麵團，也請用刮板仔細地刮下，這些都是量測內的材料用量。接著再揉和麵團約40次。在此時加入即溶乾燥酵母，之後請再揉和10次。這個時候與其說是使其開始發酵，不如說目的是為了使乾燥狀態的即溶乾燥酵母遇水恢復，因此沒有均勻混拌也足夠了。（或者也可以說，請在不均勻的狀態下就要停止動作。）

　留20分鐘進行自我分解。所謂的自我分解，也可說是自己消化、自行分解，指的是什麼都不需要做，麵團自身會自行結合的現象，完成的麵筋組織在這段時間內，會成為可以薄薄延展的狀態。塊狀的麵團，也可以由觀察發現表面變得更加平滑。

　之後，按壓麵團「延伸展開」，再「折疊」是一組動作，約重覆進行200次左右的揉和工序。

　接著將鹽和奶油抹在麵團上。若是要更加提高效率，則可以將麵團切成小分量，將麵團放在工作檯上延展之後，塗抹鹽和奶油，之後再覆蓋上少量麵團並將麵團推開，重覆進行工序。

　待全部的奶油和鹽混拌後，將麵團延展折疊並推展開，或是藉由將麵團敲叩在桌面的動作重覆150次，就可以延展麵團中的麵筋組織。

　確認麵筋狀態，麵團可以被薄薄地延展開時，即已完成。

工作檯的溫度調整
在大的塑膠袋內裝入約1ℓ的熱水（夏天時是冰水），擠出空氣，使其不會外漏地栓緊後，放置在工作檯不使用處，不時地與使用處交替放置。邊溫熱（冷卻）工作檯邊進行攪拌工序，比調整室溫更具效果。工作檯如照片般使用石製品會有較佳的蓄熱性。請務必一試。

9

推開麵團加入鹽和奶油。

10

重覆150次「延伸展開」、「折疊」的組合動作，使麵團結合。將麵團切成小塊，延展後重疊放置（請參照P.17）重覆進行，可以方便工序的完成。

11

確認揉和完成的麵團溫度（期待值是28～29℃）。

麵團發酵（一次發酵）

  注意避免乾燥！ 保持適溫！

12

整合麵團，放回7的缽盆中。避免乾燥地覆蓋上保鮮膜，放置於27℃的地方約60分鐘。

13

待膨脹至適度大小時，以手指按壓測試後，由缽盆中取出，輕輕按壓排氣。

14

   注意避免乾燥！ 保持適溫！

再次放回缽盆中，覆蓋保鮮膜，在與12相同的環境下再次放置發酵30分鐘。

分割・滾圓

中間發酵

  注意避免乾燥！ 保持適溫！

15

將麵團切分成40g×12個。

16

輕輕滾圓。

17

放置中間發酵20分鐘。在這段期間必須將中間的內餡（各40g），個別秤出重量並滾圓備用。菠蘿麵包則如數預備好覆蓋用的菠蘿表皮。（P.66）

Chef's comment

關 於 揉 和 完 成 至 中 間 發 酵

● 麵團溫度

目標溫度設定在28～29℃。與之前相同，意識
季節更替地調節用水溫度，或是也可以在塑膠袋內
裝入溫水或冷水以調整工作檯溫度，請留意麵團
溫度。

此外，這個配比中，因使用較多砂糖，多少會損
及麵包酵母的活性，因此略為提高麵團的溫度，可
以製作出使即溶乾燥酵母（麵包酵母）更容易作用
的環境。

● 麵團發酵（一次發酵）與按壓排氣

以27℃、75%的環境為目標。也並不是無法達
到這個溫度、濕度就不可行。但儘可能地接近這個
條件範圍吧。

重要的是因為時間較長，所以必須避免麵團表面
產生乾燥。一旦麵團的表面乾燥，則麵團（麵筋）
就無法繼續延展，麵團也不容易保持溫度。

● 分割‧滾圓

目標是一個麵團的重量為40～50g。在初期進行
時為方便工序，就以50g來製作也可以。但若考慮
到中間內餡，或許40g會更好也說不定。

將切分好的麵團滾圓，同樣地，在未熟練製作
前，可以利用重覆折疊麵團，進行滾圓工序。表面
不變地90度旋轉方向後，同樣地重覆折疊麵團進
行4次工序。這樣就能成為表面光滑的圓形了。

● 中間發酵

以15分鐘為目標。滾圓後變硬的麵團又會變得
柔軟，待中央硬塊消失後就開始整型工序。過程中
為避免乾燥地覆蓋上保鮮膜。

Bread making tips
〈麵包製作的要訣〉

手指按壓測試
以蘸了粉類的中指，從麵團
正中央深深地插入。即使手
指拔出後，按壓在麵團的孔
洞仍保持殘留狀態時，就是
按壓排氣的最佳時機。

應用篇

留下麵團待日後烘烤的方法

1　分割時，取下必要用量後，其餘麵團放入
　　塑膠袋內，均勻延展成1～2cm的厚度，
　　放入冷藏室保存。這樣也是冷藏熟成。

2　翌日或第三天，由冷藏室取出麵團，靜置
　　於溫暖處1小時左右。

3　確認麵團溫度達17℃以上後，接著進行
　　從15開始的工序。

4　若想要放置三天以上，請冷凍保存。即使
　　是冷凍保存，也請確認在一週之內完成烘
　　烤。想要烘烤的前一天先將冷凍室的麵團移
　　至冷藏室，再從「上述2」開始進行工序。

整 型

18

包覆內餡或奶油餡的麵團,延展成直徑8cm左右的圓形。菠蘿麵包輕輕地再次滾圓。
※薄薄地延展後,以刷子刷去多餘的粉類,會比較容易閉合。

19

內餡麵包

將小倉紅豆餡、紅豆泥、栗子餡各別用步驟18包覆,閉合底部滾圓。

20

栗子餡整型成栗子的形狀。底部按壓濕濕布巾後,沾裹上罌粟籽。

21

南瓜內餡則是閉合成半圓形後,使閉合接口處在底部,呈直線狀態地按壓成舟狀。表面劃切出兩道割紋。

Chef's comment　關於整型

整型

糕點麵包有變化豐富的整型方法，在此我們就挑戰最基本的形狀。內餡與麵團同樣量測重量，預先滾圓備用。經過15分鐘中間發酵後的麵團，以擀麵棍延展成5mm左右的厚度。將內餡放置在麵團的正中央，抓取麵團的對角線並按壓貼合。轉動90度後，再次從對角線上抓取貼合。這樣的動作，再進行2次，共重覆4次，就可以包裹出形狀漂亮的內餡麵包了。

慣於製作者，可以將材料放置於掌心，連續重覆進行，看起來就像魔法般迅速漂亮地完成。包好內餡的麵團，閉合接口處朝下，以等距間隔地擺放在烤盤上。最後發酵膨脹2倍大，在烤箱中還會再膨脹2倍，請考量其膨脹量，以較大間距排放。

Bread making tips
〈麵包製作的要訣〉

紅豆泥麵包的中央突點

麵包製作過程中，必定是「加工硬化」和「結構鬆弛」交互進行。對麵團施以外力後，使其靜置，就是這個過程。在紅豆泥麵包整型後，立即擺放中央裝飾，在加工硬化後，尚未得到構造緩和前，就再次進行加工硬化工序，會造成麵團的反彈形成了「突點」。因此，在整型10～15分鐘後，再進行中央裝飾較適合。分割滾圓後，需要進行中間發酵，也是同樣的道理。

22

奶油餡麵包

將麵團放在量秤上，邊秤重邊絞擠出40g的奶油餡。閉合成半圓形後，中央部分的底面由下朝上按壓，均勻推開包覆的奶油餡。在閉合接口處劃出3道切口。

23

菠蘿麵包

菠蘿麵包，覆蓋用的菠蘿表皮按壓在濡濕的紙巾上，再蘸取細砂糖，細砂糖面朝上地覆蓋在步驟18重新滾圓過的麵團上。

最後發酵（發酵箱發酵）・烘烤完成前的工序

注意避免乾燥！ 保持適溫！

24

放置在刷塗奶油的烤盤上，進行50～60分鐘的最後發酵。（這段時間同時預熱烤箱、放入底部蒸氣用烤盤，溫度設定210℃）

25

完成最後發酵，在菠蘿麵包以外的麵團表面，仔細地刷塗蛋液。

26

麵團放入前，在底部蒸氣用烤盤內注入200ml的水分（要小心急遽產生的蒸氣）。藉由這樣的工序，就可以避免家用烤箱烘烤過度乾燥的缺點了。

烘烤完成

27

接著立刻將排放麵團的烤盤放入。（若烤箱有分上下段時，請放入下段。一次烘烤一片烤盤）。關閉烤箱門並將設定溫度調降至200℃。

28

烘烤時間7～10分鐘。過程中若發現有烘烤不均勻的狀況，要打開烤箱，將烤盤的位置前後替換

29

待全體呈現美味的烘烤色澤時，就完成了。取出後，在距工作檯10～20cm高的位置，連同烤盤一起撞擊至工作檯上，使其受到衝擊。

放入第二片烤盤時

紅豆泥麵包，在最後發酵10分鐘後，以手指在麵團正中央處按壓出孔洞，製作出凹槽。待最後發酵完成，刷塗上蛋液。小倉紅豆麵包則是在刷塗蛋液後，在中央按壓上罌粟籽（在擀麵棍的圓形部分刷塗蛋液，像蓋戳記般按壓）。進行這些工序的同時，再次將烤箱設定溫度調高至210℃，重覆26～29的工序。

Chef's comment 關 於 最 後 發 酵 至 烘 烤 完 成

🔵 最後發酵（發酵箱發酵）／烘烤前的工序

　以32℃、80%為上限，請放置於溫暖的環境下。此時也請避免麵團表面產生乾燥。表面一旦乾燥，則麵團的體積就無法變大。再者烘烤時也不會呈現感覺美味的烘烤色澤，而會成為泛白的麵包。

🔵 烘烤完成前的工序

　麵團仍存留部分彈力的狀態下，由發酵箱發酵取出，待表面略微乾爽，之後再仔細地刷塗蛋液。

　刷塗的蛋液與餐包相同，全蛋：水：鹽為100：50：少量，的比例預先製作好備用。麵團表面漂亮地刷塗上蛋液後，再次使其略為乾爽後，放入烤箱。在麵團表面刷塗蛋液，或是不刷塗，可以藉由導入蒸氣而烘烤出薄薄的表層外皮（麵包的表皮），並使其產生漂亮的光澤。

🔵 烘烤完成

　以200℃，7～10分鐘為目標。若烘烤色澤不均勻時，請在烘烤過程中將烤盤前後左右替換地調整，使其烘烤出均勻色澤。烘烤完成的時間在這個範圍內，時間較短能夠烘烤出表皮薄且光澤佳的成品。

　變成黃金褐色、淺黃褐色時，必須迅速地從烤箱中取出，連同烤盤撞擊在工作檯上，讓麵包受到衝擊。必須多加注意的是餐包、吐司都因為僅有麵團，因此並沒有撞擊強度的限制，但甜餡麵包中包入了內餡，過度強力的撞擊和內餡本身的重量，可能會造成麵包底部破損。所以請多加留意這個部分，給予適當的撞擊強度即可。

烤盤不足時

當擺放麵團的烤盤不足時，請使用烤盤紙。待烤盤空出後，可以毫無困難地直接移至烤盤上烘烤。而且也可以不用刷塗奶油。

法國麵包

FRENCH BREAD

這是很多人最想做，感覺很流行時尚的麵包，但其實也是最困難的麵包。因此，即使是入門篇也是第4個才介紹。有點難度，所以不要好強地想一次就成功，請以挑戰的心態多努力幾次吧。

蘑菇
（Champignon）

雙胞胎
（Fendu）

細繩
（Ficelle）

煙盒
（Tabatière）

工　序	
■ 攪拌	用手揉和（40次↓ IDY10次 AL20分鐘 100次↓鹽100次）
■ 麵團溫度	24～25℃
■ 發酵時間（27℃、75%）	90分鐘　按壓排氣　60分鐘
■ 分割・滾圓	210g、60g×3、10g
■ 中間發酵	30分鐘
■ 整型	細繩、蘑菇、煙盒、雙胞胎
■ 最後發酵（32℃、75%）	60～70分鐘
■ 烘烤完成（220℃→210℃）	20分鐘（細繩）、17分鐘（其他小型麵包）

IDY:即溶乾燥酵母　AL:自我分解

配比（材料）

材　　料	粉類250g時 （g）	烘焙比例% （%）
麵粉（準高筋麵粉）	250	100
即溶乾燥酵母（紅）	1	0.4
麥芽精 （euromalt・2倍稀釋）	1.5	0.6
鹽	5	2
水	162.5	65
合計	422	168.8

Chef's comment　材料的選擇方法

一般使用的是被稱為法國麵包用粉的準高筋麵粉。這種麵包若使用蛋白質含量高的麵包用粉（高筋麵粉）製作，則可能會導致麵包彈韌過強而無法咬斷。因此，萬一無法取得法國麵包用粉（準高筋麵粉）時，請在麵包用粉（高筋麵粉）中替換20～30％的製麵用粉（中筋麵粉），以調整麵粉中的蛋白質含量。

一般使用的是即溶乾燥酵母（紅）。

常用在不添加砂糖製作麵團的材料。請將其視為取代砂糖成為麵包酵母的營養來源，其中含有大麥發芽產生稱為澱粉酶的酵素和麥芽糖。若無法購得時，可以到附近的麵包店要一點，或是用1％的砂糖取代。

這種麵包中作為副材料添加的，只有鹽而已。如果對鹽講究的人，建議可以將注意力放在這種麵包上。但要將鹽的風味反映至麵包上，也是相當困難的吧。

不需講究，自來水即可。

麥芽精

大麥發芽形成的澱粉酶和麥芽糖萃取出的物質。因黏度高所以稀釋後使用，沾黏在容器的部分，也請用預備用水沖洗後倒入一起使用。

攪拌

1

粉類和空氣一起放入塑膠袋內，充分搖晃。以單手抓緊閉合袋口，另一手按壓塑膠袋底部邊角地晃動，如此的動作能使袋子成為立體狀，讓粉類更容易均勻混合。

2

加入麥芽精和水。以預備用水沖洗容器後倒入袋內。

3

使塑膠袋飽含空氣，並使麵團撞擊塑膠袋內側般地確實強力搖晃振動。

4

當袋內材料成為某個程度的塊狀時，直接在塑膠袋上方確實搓揉。

5

把塑膠袋內側翻出，將麵團取出放至工作檯上。以刮板將沾黏在塑膠袋內的麵團刮落。

6

在工作檯上，按壓麵團「延伸展開」與返回的「折疊」視為一次，約揉和40次，加入即溶乾燥酵母，再揉和約10次。

7

注意避免乾燥！ 保持適溫！

自我分解→詳細請參照P.83。

滾圓麵團，接口閉合處朝下放置於缽盆中，避免乾燥地包覆保鮮膜約放置20分鐘，進行自我分解。

自我分解後的麵團，變得柔軟Q彈。

8

揉和100次。

 **Chef's comment** 關於 攪拌

● **攪拌**

　這種麵包，最適合利用塑膠袋進行製作。

　相較於其他麵包，請更仔細地讓空氣和粉類納入袋中，沙沙地振動搖晃。此時，請讓麵粉的每個粉粒表面都能被空氣包覆地振動搖晃，使麵粉氧化。之後接著加入調整過溫度的水和麥芽精，再次讓塑膠袋飽含空氣如汽球般鼓起後，再次強力振動搖晃。使袋內的麵團像敲叩般地劇烈拍打在塑膠袋內側，並重覆這個動作。

　麵團某個程度整合之後，從塑膠袋表面進行麵團的揉和，使麵筋組織可以更強化。接著，由塑膠袋中取出麵團，揉和約40次後，加入即溶乾燥酵母，再揉和10次左右後靜置20分鐘，進行自我分解。

　完成自我分解之後，再次重覆「延伸展開」、「折疊」的工序100次左右，接著加入鹽，再重覆進行相同工序100次。藉由在工作檯上進行磨擦般揉和，使麵筋連結。

　若是麵筋的連結太弱，就會成為具沾黏的軟弱麵團。烘烤出的麵包看起來也是體積小、無力、割紋不顯，麵包內側是深黃色、具香味但彈韌不佳的美味麵包。

　若想要外觀更好，就必須有較強力且長時間的攪拌，即可改善外觀，但風味也隨之成為普通，也就是接近一般麵包店販售的標準麵包。這就不得不放棄「攪拌不強麵包」的特色。變成是重視風味或是選擇外觀的問題，本書設定為初次製作，所以希望外觀也能順利完成。即使不似吐司般，麵筋組織也希望能達到某個程度。

　話雖如此，若是以人類的手來進行工序，無論如何也無法像攪拌機般攪拌。若是以我的手揉和100次，讀者們或許需要再增加2～3成吧。

　努力揉和至確認麵筋狀態時，麵團可以形成薄膜的程度。在攪拌結束時，確認麵團溫度，放回進行自我分解的缽盆中，進行發酵工序。

工作檯的溫度調整

在大的塑膠袋內裝入約1ℓ的熱水（夏天時是冰水），擠出空氣，使其不會外漏地栓緊後，放置在工作檯不使用處，不時地與使用處交替放置。邊溫熱（冷卻）工作檯邊進行攪拌工序，會比調整室溫更具效果。

麵團溫度

9
10
11

推開麵團加入鹽。

重覆100次「延伸展開」、「折疊」的組合動作，使麵團結合。

確認揉和完成的麵團溫度（期待值是24～25℃）。

麵團發酵（一次發酵）

注意避免乾燥！ 保持適溫！

12
13
14

整合麵團，放回7的缽盆中。避免乾燥地覆蓋上保鮮膜，放置於接近27℃的地方進行發酵工序。

待膨脹至適度大小時，以手指按壓測試後，由缽盆中取出，輕輕按壓排氣。

再次放回缽盆中，覆蓋保鮮膜，與12相同的環境下再次放置發酵60分鐘。

分割·滾圓·中間發酵

注意避免乾燥！ 保持適溫！

15
16
17

將麵團切分成210g×1、60g×3、10g×1。

各別將其輕輕滾圓。

放置中間發酵30分鐘。必須注意避免麵團乾燥。

關於揉和完成至中間發酵

● 麵團溫度

以24～25℃為目標。

因攪拌的時間較短，所以曝露在環境溫度下的時間也較其他麵團少。也就是在攪拌過程中麵團的溫度變化應該較少，所以請將此列入考量地決定用水的溫度。換言之，若是在較冷涼的地方則至少要提高水溫。反之則降低水溫。

另外，在工作檯上放置溫水（冰水），也比室溫更能有效調整麵團溫度。

● 麵團發酵（一次發酵）與按壓排氣

以27℃、75%為目標地決定發酵場所。放置90分鐘，之後按壓排氣（由發酵缽盆中取出麵團，重新滾圓），再放置發酵60分鐘。

此時的發酵缽盆，使用的不是平坦托盤狀，而是底部有圓形彎曲的缽盆。這是因為麵團的麵筋具有類似形狀記憶合金（Shape Memory Alloys）的性質，發酵時的形狀會在烤箱中重現。因此請準備與最終形狀相似的發酵容器。

● 分割・滾圓

請考慮家用烤箱和烤盤的大小，切分成最大150～250g之內。請想像整型後的麵團大小，在經過最後發酵、烤箱發酵後，約會膨脹成3～4倍，再各別決定其大小。

滾圓時輕輕完成即可。請回想起之前的形狀記憶合金的性質，邊想像其最終完成的形狀邊整型，長形就整型為長形，圓形則輕輕滾圓。

● 中間發酵

相較於其他麵包（10～20分鐘），需要更長的時間。在發酵相同環境下，請靜置約30分鐘左右。此時要避免麵團乾燥，也請避免溫度過低。

手指按壓測試

以蘸了粉類的中指，從麵團正中央深深地插入。即使手指拔出後，按壓在麵團的孔洞仍保持殘留狀態時，就是按壓排氣的最佳時機。

整型

18

煙盒

整型成煙盒（Tabatière）形狀。用擀麵棍將60g麵團的三分之一薄薄地延展。延展後的麵團刷塗上橄欖油，將未延展的部分覆蓋上來，進行最後發酵。

19

蘑菇

整型成蘑菇（Champignon）的形狀。將10g的麵團擀平延展後刷塗上橄欖油。60g的圓形麵團輕輕地重新滾圓，10g麵團塗橄欖油的面朝下覆蓋在圓形麵團上，中央以中指按壓。

20

雙胞胎

整型成雙胞胎（Fendu）的形狀。將60g的圓形麵團輕輕地重新滾圓，中央處帶狀地刷塗上橄欖油（使之後能形成漂亮的裂紋）。從上方用圓形筷子按壓，製作出中央寬平具幅度的形狀。將二側的圓形麵團朝中央寬幅處捲入般地折疊起來。

21

細繩

 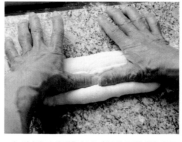 

整型成細繩（Ficelle）的形狀。輕輕拍平210g的麵團。

由外側及身體方向各別折入形成三折疊，並按壓中央處。

將溢出左右兩端的部分各別向內折入。

Chef's comment　　**關 於 整 型**

● 整型

　　即使是在專業麵包師傅的麵包店內，最困難的就是法國麵包的整型。例如細繩麵包（比長棍麵包細的法國麵包），雖然在此介紹的方法是專業麵包師傅的製作方法，但在尚未習慣製作前，用擀麵棍將麵團薄薄延展後，再以由一端包捲的方法製作成棒狀也沒有關係。

　　將捲完的閉合處朝下，擺放在乾燥的布巾並撒上手粉（儘可能使用帆布），把麵團兩側的布巾擠出皺摺，支撐使麵包不會向側面攤塌。此時布巾皺摺的寬幅就是重點了，太窄會壓迫麵團在最後發酵（發酵箱發酵）時造成損傷；而寬幅太大時，會變成麵團的坍塌，烘烤後成為沒有彈力的麵包。一般而言，以整型後的麵團兩側可以插入一根食指的皺摺，是最理想的寬幅。也請留意皺摺的高度。過低時，會在最後發酵過程中與旁邊的麵團貼合沾黏。

　　照片（P.44）當中，介紹的是在法國也可作為餐食麵包的煙盒（Tabatière）、蘑菇（Champignon）、雙胞胎（Fendu）等小型麵包。

應用篇

留下麵團待日後烘烤的方法

1 分割時，取下必要用量後，其餘麵團放入塑膠袋內，均勻延展成1～2cm的厚度，放入冷藏室保存。這樣也是冷藏熟成。

2 翌日或第三天，由冷藏室取出麵團，靜置於溫暖處1小時左右。

3 確認麵團溫度達17℃以上後，接著進行從15開始的工序。

※ 法國麵包以外的麵團雖然可以冷凍保存，但沒有添加砂糖、奶油的法國麵團，不適合冷凍保存，冷藏熟成2～3天就已經是極限了。

由外側向內對折。

在身體方向的閉合接口處以手掌根部按壓。

最後發酵（發酵箱發酵）・烘烤完成前的工序

22

使用P.51（關於整型）的方法，將麵團放置在布巾上，進行60～70分鐘的最後發酵。（這段時間同時預熱烤箱、放入底部蒸氣用烤盤，若是上下兩段的烤箱，則將烤箱專用烤盤反面地放入下段備用。溫度設定220℃）

23

用硬板子或厚紙板將麵團移至移動板（或是厚紙板。如24的照片）上。此時在個別麵包下先鋪放好烤盤紙。

24

在細繩麵團上劃出1道割紋。

烘烤完成

25

將24的板子放入烤箱深處，將麵團連同烤盤紙一起放至反面放置的烤盤上。

26

接著在底部蒸氣用烤盤內注入50ml的水分（要小心急遽產生的蒸氣）。這種麵團若是蒸氣過多，無法呈現出割紋。關閉烤箱門並將設定溫度調降至210℃。

27

烘烤時間細繩20分鐘，其他的小型麵包以17分鐘為標準。若有烘烤不均勻的狀況，要打開烤箱，將烤盤的位置前後替換。

28

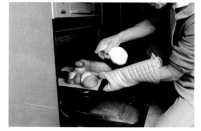

若表面光澤不足時，可在烘烤中打開烤箱在麵包表面噴灑水霧。

29

待全體呈現美味的烘烤色澤時，就完成了。每個麵包取出後，都輕叩在工作檯上，以達到撞擊的效果。

 **Chef's comment** 關於最後發酵至烘烤完成

● 最後發酵（發酵箱）／烘烤前的工序

以32℃、75%為目標地進行最後發酵。大約是60～70分鐘。最後發酵時間過長，會成為體積大而輕的麵包，但初期很難掌握到恰如其分的狀態，所以可以試著觸摸看看，當麵包的抵抗變弱（不會反彈恢復）時，就可以放入烤箱了。習慣之後，就可以漸次地拉長最後發酵的時間。

● 烘烤完成

以210℃，20分鐘為目標。首先，將烤盤反面朝上地預先放入烤箱。同時也將蒸氣用烤盤放入烤箱底部。

在與烤盤同樣大小的板子上舖放烤盤紙，將完成最後發酵的麵團接合處朝下地置於其上。小型麵包則是將底部朝上放置。待表面略微乾爽時，以割紋刀（或以夾在竹筷中的雙面刀片替代）在細繩麵團的表面劃出割紋。最初嘗試比較困難，請與麵團表面呈45度斜角地劃入5mm左右的割紋，在麵團的正中央縱向一次劃下。

待預備工序完成後，將麵團連同烤盤紙一起送入預先反面放入烤箱的烤盤上，迅速地抽出板子。當麵團順利地放在反面朝上的烤盤後，快速地將50ml的水分注入預先放入的蒸氣用烤盤中，關閉烤箱門。因會急遽產生蒸氣，所以要注意讓蒸氣保持在烤箱內。

即使如此，也會因一連串的動作而使烤箱內溫度急速下降，所以請預先設定高10℃的220℃。待全部動作結束，關閉烤箱門之後，再將溫度設定改為210℃，烘烤至最後。產生烘烤不均的狀況時，請將烤盤前後左右替換地調整，使其烘烤出均勻色澤。

覺得烘烤完成時，從烤箱中取出麵包。若行有餘力，請量測一下麵包的重量。若燒減率為22%，就是最完美的烘烤。

烘烤完成後，請放上冷硬的含鹽奶油大口享用吧。真的是非常美味喔！

Bread making tips
〈麵包製作的要訣〉

移動麵團的板子

最後發酵後，為了將麵團移至移動板（或是厚紙板），建議可以用絲襪或褲襪般具伸縮性的化學纖維材料包覆，即可避免麵團的沾黏。

關於烘焙石板（Pizza stone）

在麵包店內烘烤法國麵包時，通常使用石底烤箱。有烘焙石板（Pizza stone）（石製或是混和材料不鏽鋼製）的人或許也會想使用，但家庭用電烤箱或瓦斯烤箱的加熱，無法完全蓄熱。因此若是使用，反而會造成下火不足，烘烤出底部白色的法國麵包。所以還是捨棄使用烘焙石板，改用反面朝上的烤盤會是比較聰明的選擇。（但若是烤箱能達300℃以上時，則可以預熱60分鐘以上再使用。）

燒減率

確認在烤箱內會流失多少水分的數值。若這個麵團的重量是210g，烘烤完成的麵包重164g，則燒減率就是22%，也是最理想的狀態。（詳細請參照→P.94）

可頌

CROISSANT

可頌
（croissant）

巧克力麵包
（pain au chocolat）

這款麵包與之前介紹的4種麵包不同，加了裹入奶油（roll in）（麵團與麵團中間夾入奶油）的工序。能作出非常吸引人的層次狀態。只要掌握好重點就能簡單完成。所謂的重點就是「奶油的硬度與麵團硬度相同」。請鼓起精神努力試試吧。

工　序

▨ 攪拌	用手揉和（40次↓IDY50次↓鹽50次）
▨ 麵團溫度	22～24℃
▨ 放置時間	30分鐘
▨ 分割	無
▨ 冷凍	30～60分鐘
▨ 冷藏	1小時～一夜
▨ 裹入油折疊	四折疊2次
▨ 整型	等邊三角形（10×20cm、45g）
	正方形（9×9cm、45g）
▨ 最後發酵（27℃、75%）	50～60分鐘
▨ 烘烤完成（220℃→210℃）	8～11分鐘

IDY：即溶乾燥酵母　AL：自我分解

配比（材料）

 Chef's comment 材料的選擇方法

使用法國麵包用粉（準高筋麵粉）。麵包用粉（高筋麵粉）在食用時太強韌，欠缺鬆脆感。如果沒有，則請在麵包用粉（高筋麵粉）中替換20%左右的中筋麵粉或低筋麵粉調和使用。

使用低糖專用酵母。也就是一般的即溶乾燥酵母（紅）。因為這種麵團採低溫揉和完成，所以會使用相當低溫的水來製作麵團。若是即溶乾燥酵母，會先與麵粉混拌後添加水分，則溫度過於急遽下降可能會損及酵母的活性。請先在麵粉、砂糖中加入調整過溫度的水分，先製作成麵團，確認麵團溫度在15℃以上後再行添加。

一般廚房中所使用的鹽即可。

平常使用的砂糖即可。

想要製作出美味的可頌，請務必使用奶油。因攪拌時間短，所以先使其形成膏狀後，從開始就一起加入攪拌。

平常廚房常備飲用的牛奶即可。

這款麵包與其他麵包不同，希望麵團完成時的溫度在25℃以下，儘可能在22℃左右，所以使用的是冰水。請於前一晚先將自來水裝入保特瓶內，放至冷藏冰冷備用。夏天時，這樣的寶特瓶冰水，也可以靈活運用在其他麵團的製作。

45g的麵團12個份量

材　　料	粉類250g時（g）	烘焙比例%（%）
麵粉（法國麵包用粉）	250	100
即溶乾燥酵母（紅）	7.5	3
鹽	5	2
砂糖	15	6
奶油（膏狀）	12.5	5
牛奶	75	30
水	75	30
裹入用奶油	125	50
合計	565	226

其他材料

- 刷塗蛋液（雞蛋：水＝2：1，加入少許食鹽而成） 適量
- 內餡用巧克力　適量

攪 拌

1

將粉類和砂糖放入塑膠袋內,使袋內飽含空氣地充分搖晃。以單手抓緊閉合袋口,另一手按壓塑膠袋底部邊角地晃動,如此的動作能使袋子成為立體狀,讓粉類更容易均勻混合。

2

加入放至柔軟成膏狀的奶油、充分攪散的雞蛋、牛奶和水分。

3

再次使塑膠袋飽含空氣成立體狀,使麵團撞擊塑膠袋內側般地確實強力搖晃振動,使麵團變成鬆散狀。

4

當袋內材料成為某個程度的塊狀時,直接在塑膠袋上方確實搓揉使麵團結合。

5

把塑膠袋內側翻出,將麵團取出放至工作檯上。揉和40次。

6

再次攤開麵團,加入即溶乾燥酵母。

7

揉入麵團揉和50次。

※可頌不需要麵筋組織的結合,所以不進行自我分解。

8

再次攤開麵團加入鹽。

Chef's comment **關於攪拌**

Bread making tips
〈麵包製作的要訣〉

攪拌

這種麵團，在最初攪拌階段麵筋的結合比法國麵包弱，也就是不需要強力結合的麵筋組織。但之後在麵團中夾入折疊奶油形成層狀的工序，就相當於攪拌了。

若開始就十分紮實地攪拌會使麵團過度結合，在折疊奶油時，延展麵團會非常辛苦，最後導致過度攪拌（攪拌太過）。順道一提，這種麵團是不需要進行自我分解工序的。

這款麵團，也同樣適合以塑膠袋來進行製作。事先將粉類放入塑膠袋中，用力振動搖晃使材料均勻混合。接著加入在室溫下柔軟成膏狀的奶油、冰牛奶和冰水、空氣一起，再次閉合袋口用力搖晃振動。使袋內的麵團像敲叩般拍打在塑膠袋內側般努力動作。

袋內的麵團呈鬆散（大型塊狀）狀態，所以中途就將塑膠袋放置於工作檯上，從塑膠袋表面揉和。麵團某個程度整合之後，由塑膠袋中取出麵團揉和約40次之後，加入即溶乾燥酵母（紅），再揉和50次左右。待即溶乾燥酵母融入麵團後，再加入鹽繼續揉和。

誠如前面提過很多次，不需要強力的麵筋組織。當加入的所有材料均勻混拌後，某個程度不再沾黏時即已足夠。請想成以略硬的麵團開始進行製作。

這款麵團的揉和完成溫度較其他麵團低，所以氣溫較高時，除了調整室溫之外，也請一邊以冷水袋冰鎮工作檯，一邊進行工序，會比空調更具效果。

工作檯的溫度調整
在大的塑膠袋內裝入約1ℓ的冰水，放置在工作檯不使用處，不時地與使用處交替放置。麵團溫度的調整，冷卻工作檯比調整室溫更具效果。工作檯如照片般使用石製品，會有較佳的蓄熱性。

麵團溫度

9

重覆50次「延伸展開」、「折疊」的動作。

※麵團某個程度結合起來即可。

10

量測揉和完成的麵團溫度（期待值是22～24℃）。

靜置時間

注意避免乾燥！ 保持適溫！

11

在缽盆中均勻地刷塗奶油，將整合好的麵團閉合接口處朝下地放入。靜置於27℃的地方約30分鐘進行發酵。（與其說發酵不如說是使麵團休息的感覺）※利用這個時間準備裹入用的奶油。請參照→P.59

12

30分鐘後，放入塑膠袋內。

13

以擀麵棍從塑膠袋上按壓至麵團延展成1cm的厚度。

注意避免乾燥！

14

放入冷凍室
30～60分鐘，
充分冷卻。

確認充分冷卻 →

注意避免乾燥！

15

移至冷藏室。
之後進行60分鐘～
一晚的冷藏熟成。

Chef's comment 關 於 揉 和 完 成 至 冷 藏 麵 團

● 麵團溫度

麵團溫度以25℃以下，22℃為目標。因揉和完成的溫度較一般麵團低，因此希望大家能從最初的材料溫度開始留意。粉類是室溫，自來水在夏季也不冰涼，所以請意識到各種材料的溫度，包括攪拌環境，以確保低溫地完成揉和。

● 靜置時間

在此，與其說是麵團發酵，不如請想成是麵團的靜置時間。只要因攪拌而結合的麵團鬆弛，呈現滑順狀態即可。避免乾燥地靜置在不熱的室溫中30分鐘進行發酵。（利用這30分鐘，準備折疊用奶油。請參照右側）之後放入塑膠袋內冷卻，放入冷藏室內緩慢地進行發酵及熟成。

● 分割

此次預備的用量，不需進行分割。麵包店內因為一次大量製作，所以在麵團開始冷卻前，會先進行的分割工序。

● 冷凍

請將麵團放入塑膠袋內，並用擀麵棍從塑膠袋表面將麵團擀壓成厚1cm的薄片狀。這個工序是為使麵團容易冷卻，在想要恢復成室溫時，也能容易恢復溫度。

在冷凍室冷卻30～60分鐘。麵團周圍結凍的程度即可。完全結凍時，請在睡前先將裝有麵團的塑膠袋從冷凍室移至冷藏室。

翌日，進行裹入油工序時，從冷藏室取出麵團。在此之前的15～30分鐘，先將前一天準備好的奶油，從冷藏室中取出恢復至室溫，使奶油成為容易延展的狀態（硬度）。

**準備
裹入用奶油**

①奶油切成相同的厚度，放入略厚的塑膠袋內（如果有寬20cm的大小就更方便了）。

②最初先用手按壓。請按壓至沒有空隙的狀態。

③用擀麵棍敲叩、按壓地將奶油延伸展開。

④擀壓成20cm的正方形後，儘速放入冷藏室。

※奶油在開始進行裹入油工序的15～30分鐘前，先由冷藏室取出，使其能與麵團有相同的硬度。

裹入油・折疊

16

麵團擀壓延展成裹入用奶油的2倍大，將裹入用奶油90度交錯地放置在麵團上。

17

像風呂敷巾般地用麵團包裹住奶油。注意避免麵團邊緣重疊

18

以擀麵棍從麵團上方按壓接合處。

19

維持20cm寬幅地，將麵團上下擀壓延展成80cm的長度。

20

刷去表面多餘的手粉，將麵團上端略微折入後，對折麵團。以擀麵棍輕輕按壓。

21

再次由下朝上對折麵團，使整體成為4折疊。※因工序較耗時，若麵團溫度上升產生沾黏時，則再次裝入塑膠袋內放入冷藏室冷卻。

22

方向轉動90度，保持20cm寬幅如先前般上下擀壓成80cm的長度。

23

仔細刷去手粉，與20同樣地對折。

24

再次對折，就成了4折疊。裝入塑膠袋內，以擀麵棍整合形狀，在冷藏室靜置麵團30分鐘以上。

關 於 裹 入 油

● 裹入油・折疊

終於開始進行麵團包覆奶油的工序了。

從冷藏室拿出來的麵團由塑膠袋內取出（用美工刀從側面切開除去塑膠袋）。將麵團擀壓延展成奶油2倍大的正方形。與延展後的麵團交錯90度的位置，擺放恢復至與麵團相同硬度的正方形奶油。

將奶油沒有蓋住的四個邊角的麵團，覆蓋至奶油上，像風呂敷巾包覆糕點盒般，並將麵團邊緣貼合，完全包覆住奶油。此時用擀麵棍將四個邊角的麵團略為延展會比較容易進行工序。務必要確保麵團四個邊緣確實緊密貼合。接著用擀麵棍將包覆奶油的麵團薄薄地擀壓延展，所以若是麵團隨意貼合，就會造成奶油的溢出。

利用擀麵棍將麵團的上下方向都擀壓延展成3～4倍的長度。請漸次緩慢地進行擀壓延展。重點在於麵團與奶油具相同的硬度，如果能確實遵守這個重點，其實是出乎意料的簡單，麵團也能順利地延展。

待延展至3～4倍的長度後，再將麵團進行4折疊。左側照片當中，接著會90度地改變方向，再次進行相同的工序，初次挑戰時延展工序會相當耗時，麵團溫度也會隨之升高，所以建議此時將4折疊的麵團再次裝進塑膠袋內，避免乾燥地放入冷藏室冷卻30分鐘。另外，若是麵團仍是冰冷狀態，也沒有沾黏時，連續進行工序也沒有關係。

90度改變方向，將剛才進行過4折疊的麵團，同樣地將長度擀壓延展至3～4倍，再次進行4折疊。避免乾燥地冷藏30分鐘以上。

取出麵團的方法

取出冷卻的麵團時，用美工刀將塑膠袋切開會比較有效率。

刷除多餘的手粉

在折疊麵團時，必須仔細地刷去多餘的手粉。

整型

25

確認麵團充分冷卻後，再次上下擀壓延展成寬20cm、厚3mm的片狀，切齊兩側長邊。在一長邊邊緣間隔10cm地做出標記，另一側則是錯開5cm地同樣以10cm間隔地進行標記。

26

分切成底部10cm、高20cm的等邊三角形。用於巧克力麵包的麵團則分切成9×9cm。

27

分切完成的麵團平放在不鏽鋼的方型淺盤上，再次放入冷藏室使麵團溫度降低至冷藏室溫度（約30分鐘）。

28

確認麵團充分冷卻後，整型。

可頌

將等邊三角形的底部中央劃出切口。打開切口處輕輕按壓後，鬆鬆地捲起麵團。最好是完成捲動時三角形的頂點正好可以觸及工作檯。

巧克力麵包

用擀麵棍擀壓正方形的麵團下半部。在上下麵團接觸面刷塗蛋液，擺放巧克力。上端麵團大於下端（較長）地覆蓋後，在表面劃入2道切紋。

關於整型

● 整型

　　重覆進行二次4折疊的麵團，放進冷藏室靜置30分鐘以上，之後進入整型工序。

　　麵團薄薄地擀壓延展成寬20cm、厚3mm的片狀。之後開始進行切分。請用刀子（或比薩滾輪刀）分切成底部10cm、高20cm的等邊三角形。分切後在此稍稍靜置。至此為止的工序，若麵團的溫度升高，奶油就會沾黏，所以請將切成等邊三角形的麵團排至方型淺盤中，將麵團放入冷藏室約30分鐘使其再度冷卻。

　　確認麵團充分冷卻後，從底邊開始捲起，此時若觸及切口部分，可能會造成特地製作出的奶油層破損，因此請多加留意。捲至最後時尖端麵團略長（探出舌尖）地完成捲動，等距地排放在烤盤上。（即使在完成捲動時，尖端略微觸及烤盤地進行整型工序，但也會因烤箱內的延展導致捲好的位置產生變化。專業麵包師傅製作的麵團，即使底部略長也會因烤箱內延展，在完成烘烤時剛好貼合至頂點位置。）

　　最後發酵、烤箱中，隨著發酵的推進，大約會膨脹4倍，因此請考量其膨脹，以較大間距排放，理想狀態是3.5捲。避免麵團斷裂地，略為延展二側的等邊後再捲起，更能捲出漂亮的形狀。

整型時的注意

整型時必須注意不要觸及切開的可頌麵團切面。切面，特別是觸及三角形頂點的部分，為了能烘烤出漂亮的層次，千萬要注意不要壓迫損傷這個部分。完成捲動時，頂點部分正好能觸及烤盤的完成整型，排放在烤盤時也要保持充裕的間距。

應用篇

**留下麵團
待日後烘烤的方法**

1　工序至等邊三角形（或是別的形狀）的狀態，避免乾燥地放入塑膠袋內，冷凍（不能冷藏）。請於一週內使用完畢。

2　翌日或2～3天後，由冷凍室取出麵團，靜置於室溫下10分鐘，從28開始進行工序。

也有壓扁的方法

 等邊三角形的底邊，除了劃開切紋之外，也有用擀麵棍壓扁後再開始捲起的方法。

最後發酵（發酵箱發酵）·烘烤完成前的工序

28

預留充分間隔地排放在烤盤上，在發酵箱內進行50～60分鐘的最後發酵。無法全部一起烘焙時，留待稍後烘烤的麵團先放至低溫環境中備用。（這段時間同時預熱烤箱、放入底部蒸氣用烤盤，溫度設定220℃）

29

完成最後發酵，在麵團表面仔細地刷塗蛋液，必須注意避免將蛋液塗至麵團切口。待刷塗的蛋液呈半乾狀態時，放入烤箱。

30

在麵團放入前，在底部蒸氣用烤盤內注入200ml的水分（要小心急遽產生的蒸氣）。如此就可以避免烘烤產生的乾燥了。

烘烤完成

31

接著立刻將排放麵團的烤盤放入。（分上下段時，請放入下段。一次烘烤一片烤盤）。關閉烤箱門並將設定溫度調降至210℃。

32

烘烤時間為8～11分鐘。若有烘烤不均勻的狀況，要打開烤箱，將烤盤的位置前後替換。

33

待全體呈現美味的烘烤色澤時，就完成了。取出後，在距工作檯10～20cm高的位置，連同烤盤一起撞擊至工作檯上，像可頌般層狀麵包更具有顯著的效果。（詳細請參照→P.94）

放入第二片烤盤時

再次將烤箱設定溫度調高至220℃，重覆進行29開始的工序。

 **關於最後發酵至烘烤完成**

● **最後發酵（發酵箱）／烘烤前的工序**

以27℃、75%來進行最後發酵。奶油的融化溫度是32℃，所以請以比32℃低5℃，27℃以下的溫度來進行，約60分鐘左右。

● **烘烤完成**

從發酵箱取出，待表面略為乾爽後刷塗蛋液。此時若將蛋液刷塗在奶油層（麵團的切面），那麼特地費工夫的奶油層就無法漂亮地膨脹形成，因此請注意避開奶油層進行刷塗。

以210℃，約10分鐘左右。此時緩慢地烘烤可以揮發麵包的水分，溢流出的奶油會產生焦香，而香氣移轉至麵包會更加美味。

若烤箱溫度太低，就無法烘烤出具光澤且呈現美味烘烤色澤的成品，所以請務必多加留意。

待全體烘烤出美味的烘烤色澤即已完成。由烤箱中取出後，這種麵包更是務必要給予撞擊。試著取出一個麵包，其他的麵包請連同烤盤一起強力撞擊至工作檯上，就能強烈地感受到撞擊所帶來的效果。也就是給予撞擊的麵包會殘留更多的氣泡，而保持住良好的口感。這款可頌的氣泡層較大，因此將其切面進行比較時，更能明白其中的差異，所以請務必取出一個沒有撞擊的麵包，比較其外觀、與風味。（詳細請參照→P.94）

【補充】
糕點麵包的填充內餡和表面食材（topping）

關於P.34～糕點麵包中所使用的小倉紅豆餡、紅豆泥、栗子餡、南瓜餡，建議可以使用市售品。可以試試若是覺得過稀，則略加熬煮使其變硬，過硬則加少量的水稀釋。更或者有個秘技，就是和喜歡且常去的麵包店保持好交情，或許店家願意分一點出售。

●卡士達奶油餡

（單位：g）

以使用的牛奶為基準	100g	200g	400g
①牛奶	100	200	400
②上白糖	15	30	60
③蛋黃	24	48	96
④麵粉（紫羅蘭Violet）	4	8	16
⑤玉米粉	4	8	16
⑥上白糖	10	20	40
⑦白蘭地	3	6	12
⑧奶油	10	20	40
⑨香草油	少許	少許	少許
合計	170	340	680

製作方法

1 在平底鍋中放入①的牛奶，加熱。接著輕輕地在牛奶中倒入②的上白糖。如此在牛奶的底部就產生了砂糖的包覆，因砂糖的焦糖化溫度為160℃，所以幾乎不用擔心燒焦。

2 其間，在缽盆中放入④的麵粉、⑤的玉米粉、⑥的上白糖，以攪拌器均勻混拌。在此放進③的蛋黃，再繼續以攪拌器混拌。接著加入⑨的香草油。

3 待1的牛奶沸騰後熄火，將其中的三分之一倒入缽盆中，迅速地以攪拌器混拌。此時緩慢地混拌會形成不均勻的硬塊，所以請務必迅速動作。

4 待3混拌完成後，再次倒回平底鍋的牛奶中，再次加熱，此時也同樣迅速地用攪拌器混拌。待沸騰後熄火，加入⑧的奶油。

5 再次加熱至沸騰即完成。此時加熱的程度會決定卡士達奶油餡的硬度，因此請記下沸騰後，加熱了幾分、幾秒。

6 熄火，加入⑦的白蘭地充分混拌，儘可能迅速地移至鋁製等淺薄的容器內，緊貼覆蓋上保鮮膜後放入冷藏室冷卻。這個時候冷卻得越快，卡士達奶油餡的保存性越好。

●菠蘿麵包表皮

（單位：g）

以使用的粉量為基準	100g	200g	400g
①奶油	30	60	120
②上白糖	50	100	200
③蛋黃	8	16	32
④全蛋	10	20	40
⑤牛奶	12	24	48
⑥麵粉（紫羅蘭Violet）	100	200	400
⑦泡打粉	0.5	1	2
合計	210.5	421	842

製作方法

1 在⑥的麵粉中加入⑦的泡打粉，過篩備用。

2 將①的奶油放至恢復室溫，以磨擦般地混拌入②上白糖。

3 預先混拌③的蛋黃、④的全蛋和⑤的牛奶，加溫（32℃）備用。完成的菠蘿麵包表皮溫度為27℃前後，夏天和冬天時，再調整加熱溫度。

4 避免3在2中產分離，分成3～4次倒入。

5 當4成為漂亮的膏狀時，加入1的粉類，以橡皮刮刀（木杓）混拌至粉類完全消失為止。置於冷藏室一夜，使澱粉產生水合即完成。

6 分切成與麵團等重，以擀麵棍擀壓成麵團2倍大的圓形片狀。

STEP 2

麵包製作的材料

本書希望儘可能減少使用材料，完成美味麵包的製作。在此網羅了最低限度必須理解的知識。

但麵粉是粉體，只要想加入，可以加入任何材料（當然也有像新鮮鳳梨般例外者）。只要被認為是有益健康的材料、營養保健食品、庭院可栽植的蔬菜或水果，只要理解這些基礎知識，都可以製作出屬於個人獨特的麵包，十分令人期待！

麵粉

1 關於麵粉的考量

本書當中使用的麵粉，配合想要製作的麵包，主要是以蛋白質（醇溶蛋白和麥穀蛋白）多寡來作為選擇基準。在店內看到了許多種類後，會深深地感到迷惘吧。本書中，以只要是麵包用粉（高筋麵粉）或製麵用粉（中筋麵粉），無論哪一種都無妨的角度，來介紹製作方法。但更深入來看，因麵粉種類，會致使水分用量以及最後麵包成品體積的不同。但只要能烘烤出美味的麵包，其他就請不用太在意了。

一般而言，麵粉中所含蛋白質含量越高，麵筋的形成也越多越強，必然地也必須強力進行攪拌。在本書中不使用機器地以手揉和，考量介紹的也是比較容易製作的種類，麵粉蛋白質含量在11.0～11.5%左右的配比。

確實麵粉的蛋白質含量越多，麵包的體積也更膨脹，完成烘烤當下即可享用其柔軟美味。但也請記住，相對地麵包冷卻後彈韌會變強，也不容易咬斷。

COFFEE TIME

「麵團」與「麵包」

麵粉中加入水，攪拌完成的就是麵團。但我們所食用的是麵包。那麼麵團是在什麼時候變成麵包的呢？或許看起來是微不足道的小事，但對於麵包製作而言卻是重要的大事。

支撐麵團的骨架就是麵筋，但麵包骨架是 α 化的澱粉。也就是麵團放入烤箱，麵團在溫度漸漸上升時，澱粉會奪走麵筋中的水分，改變其特性並失去延展能力。另一方面，澱粉由麵筋中奪走的水分會由 β 變成 α。這個時候就是麵團變成麵包的關鍵。

即使是蛋白質含量多的粉類，只要加入了砂糖、奶油等副材料時，理論上麵筋的連結會變弱，應該會烘烤出彈韌度低的麵包。

2 為什麼是麵粉？

世界上有各式各樣的穀物。米、小麥、裸麥、大豆、玉米、小米、稗等等。這些穀物都是粒狀或是磨成粉末後可食的。米粉、麵粉、裸麥粉、大豆粉、玉米粉等等。但能被運用至麵包製作的，只有麵粉（裸麥粉等部分例外）。其他的穀粉為何不能製作呢？麵包製作當中，麵粉會被使用的原因，其中存在著只有小麥才有的蛋白質（同時擁有醇溶蛋白和麥穀蛋白）。也就是麵粉中加入水分攪拌時，醇溶蛋白和麥穀蛋白會相互結合，形成新的稱之為麵筋的蛋白質。麵包之所以會膨脹起來，是因為麵團中存在著麵筋組織。

麵包酵母會吞噬糖類而釋放入二氧化碳和酒精。麵筋組織包覆二氧化碳，就能烘烤成柔軟具膨脹感的麵包。

在此希望大家千萬不要誤解，並不是麵粉中含有麵筋組織，而是麵粉中稱為醇溶蛋白和麥穀蛋白的二種蛋白質，在加入水分攪拌後才開始形成麵筋組織。麵筋初始只是緩慢結合的塊狀，但隨著攪拌而更強力地結合，並薄薄延展成為麵筋組織。

稍早之前，一般都認為麵筋是確實地揉和，也就是藉由外力加入的能量，使麵粉中的醇溶蛋白和麥穀蛋白漸次連結而成的，但現今的理論已經證明，麵粉中添加水分，即使僅僅略加攪拌，就可以連結成稍弱的麵筋組織。這個結果可以說，攪拌的目的，是為使稍弱的麵筋組織成長為強而有力，並可薄薄延展的狀態。攪拌麵團時，請以這樣的想法來進行。相信更能得到成效。

小麥的種類

小麥的分類法各有不同。以粒質的硬度區分則有「硬質與軟質」;以種植小麥的時期(播種期)來區分時,則可分為「春麥與冬麥」;根據麥粒顏色區分時,就有「白麥與紅麥」。順道一提,一般日本使用在麵包上的小麥是「硬質、春季、紅麥」。現今蔚為話題的「Yumechikara(ゆめちから)」則是「硬質、冬季、紅麥」。

3 高級麵粉中的蛋白質較多?

麵粉依其用途而分類,包括:麵包用粉(高筋麵粉)、中華麵用粉(準高筋麵粉)、製麵用粉(中筋麵粉)、糕點、油炸用粉(低筋麵粉);以及以等級區分的分類法,一級粉、二級粉、三級粉、末級粉。以用途區分者,主要是因為依小麥品種不同而異,等級與小麥品種沒有關係,是依麥粒的部位而定,中芯部分灰分較少的顏色較白,因此等級較高,當然價格也較高,但與麵包製作時不可或缺的蛋白質含量沒有關係。不如說等級越高,白色麵粉的蛋白質含量也有越少的傾向。這是小麥在製成粉類時,小麥中芯部分為一級,外側為二級粉來進行區分的緣故。總之,小麥中芯部分製成的粉類顏色雖白,但所含的成分是已經完全熟成的澱粉居多,重要的蛋白質,甚至是礦物質、食物纖維(麩皮),則是越往外側越多。

● 小麥麥粒的名稱(%相對於小麥麥粒全體的重量比)

胚乳(成為麵粉的部分)　　約85%
麥穀(成為麩皮的部分)　12～14%
胚芽　　　　　　　　　　約2%

※其他,稱為腹溝(crease)的溝槽、冠毛等

● 麵包用麵粉的成分

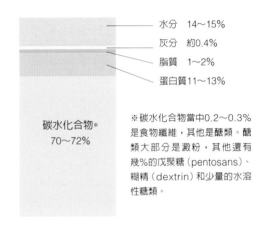

水分　14～15%
灰分　約0.4%
脂質　1～2%
蛋白質11～13%

碳水化合物※
70～72%

※碳水化合物當中0.2～0.3%是食物纖維,其他是醣類。醣類大部分是澱粉,其他還有幾%的戊聚糖(pentosans)、糊精(dextrin)和少量的水溶性糖類。

「灰分」,是什麼?

所謂灰分,指的是麵粉或小麥中所含的無機物質(礦物質),表示在灰分爐中使其完全燃燒後殘留的殘渣量。小麥粒中無機物質大多存在於表皮,幾乎是中芯部分的20倍。這樣的成分越多,粉類的顏色越黑,風味中帶有雜味,因此在粉類等級上比較低,但現今麵包製作,依使用方法反而更期待它的營養成分及特性,因而倍受矚目。雖然多少會影響麵包製作,但在超市架上排放的麵粉中,灰分高的粉類也不多見,所以不用太擔心。

4 日本國產小麥與外國產進口小麥

以前，大家都認為麵包用小麥只有外國進口的加拿大產小麥、美國產小麥。但現在北海道開發出了「春戀（春よ恋）」、「Yumechikara（ゆめちから）」，還有關東地區的「夢香（Yumekaori）」等，完全不輸外國進口的日本國產小麥，已經可以在市面上購得。雖然價位有點高，但就食材自給率的提升，也意味著積極使用日本國產小麥製作麵包的趨勢。以麵包製作特性而言，一點也不遜色於外國產進口小麥。

只是也有必須注意的事。小麥起源於西亞的乾燥地帶。在溫暖、濕潤、有梅雨的日本，麥類很容易發生赤黴病，因此在栽植上需要藉助專家的經驗，栽培種植不是門外漢業餘可成。栽植時仰仗專家的指導，使用時也要檢查真菌毒素（脫氧雪腐鐮刀菌烯醇DON（Deoxynivalenol）、雪腐鐮刀菌烯醇NIV（nivalenol））。即使外觀看似健全的穀粒，也有可能檢測出接近暫定基準值的1.1mg/kg。

5 新麥與Green flour

至目前為止，一向被認為剛收成的小麥，在麵包製作的加工適性不良。確實因為小麥是農產品，會因每年

的狀況、氣候不同而有品質上的相異。剛完成製作的麵粉稱之為Green flour（ホットフラワー、若い粉），被認為製作麵包的加工適性上有問題。

但請試著想想看，米、蕎麥、玉米等大多數的穀物，在剛收成時製作出的粉類是最美味。為什麼僅有小麥例外呢？以蕎麥為例，剛碾磨、剛製作完成、剛煮出，被稱為「三剛」，再加上剛收成，可以說「四剛」是最美味的品嚐方法。

那麼，以下是筆者獨斷的想法，我還是相信剛收成的小麥、剛碾磨、剛烘烤完成，會是最美味的麵包。但很可惜的是，麵粉每年不同而有品質的參差，使用剛碾磨的麵粉，確實會感覺到麵團的沾黏、鬆弛，而難以製作。但這樣的難以製作，卻可以在粉類製成一週後，問題幾乎都消失了。感覺到麵包製作加工適性的問題，是在以機器大量製作的時候，一般家庭手作，要接觸到收成一週內製成的麵粉，可能性幾乎是零，而且手工製作時，也幾乎感覺不到製作的困難。也就是說，家庭也有機會製作出較市售更美味的麵包。

COFFEE TIME

在日本使用的小麥產地是哪？

現在外國進口的小麥，主要是由美國、加拿大、澳洲三個國家進口。美國進口的是麵包用小麥、中華麵用小麥、糕點用小麥；加拿大則是麵包用小麥；澳洲是製麵用小麥。

日本國產小麥主要用於製麵，雖然還是少量，但也有麵包用小麥。最近也在開發杜蘭小麥和糕點用小麥。特別是麵包用小麥，北海道的「春戀（春よ恋）」、關東地區的「夢香（Yumekaori）」已經擁有足以和加拿大1CW（一級西部紅春麥）匹敵的麵包加工適性。北海道的「Yumechikara（ゆめちから）」超強力小麥，搭配北海道的「Kitahonami（きたほなみ）」或當地產的製麵用小麥，就能製作出具高度利用價值的麵包品質了。

麵包酵母

※本書當中，使用的全部都是即溶乾燥酵母（紅）。

1 使用於麵包製作的「麵包酵母」種類

可以被稱為酵母，共可分成41屬278種，其中麵包酵母是被分類在Saccharomyces酵母屬的cerevisiae釀酒酵母種當中。但釀酒酵母（Saccharomyces cerevisiae）當中不止麵包酵母，還包括了清酒酵母、啤酒酵母、葡萄酒酵母等釀造用酵母。順道一提1g的麵包酵母（新鮮），包括了10^{10}，也就是100億個酵母。

市售的麵包酵母有各式各樣的種類，新鮮的麵包酵母、乾燥酵母（dry yeast）、即溶乾燥酵母、半乾燥酵母…等名稱，但這些是形態的不同，存在於其中的麵包酵母（yeast）都是相同的夥伴。形態不同時，就會有不同的處理方式，所以請先理解正確的使用方法再加以實踐。（只要正確地使麵包酵母發酵，就必定能製作烘焙出膨鬆美味的麵包。請毋需擔心，並自由地享受麵包製作的樂趣吧。）

另外，麵包酵母當中，發酵力或香氣（也有具玫瑰香氣的麵包酵母）、味道、在麵團中產生的、發酵形態不同（前半發酵力強或後半發酵力強的酵母）、或有優異的耐糖性（耐砂糖性）耐凍性、或耐冷性、或是某個溫度下發酵能力會極弱等，越是認識越能發現麵包酵母的世界趣味無窮。

2 YEAST與天然酵母

經常到處可以看到「天然酵母」的旗幟或招牌，但這是正確標示嗎？酵母是生物。我們人類還未尚能夠以雙手製作出生物。因此這個世界並不存在「人造酵母」。標示法當中因為不存在人工酵母，所以當然也不能使用「天然」的標示。人類當中並不存在「人造人類」，所以同理也不會有「天然人類」的說法。

另一方面，所謂的YEAST，英語中酵母的意思，但在日本的問卷調查中，一半以上的人都視YEAST為化學合成物質、是對身體不好的物質。之前也提到，所謂

COFFEE TIME

麵包酵母的種類及水分含量

此次，僅使用容易購得，且初學者也方便操作的即溶乾燥酵母（紅）來製作基本的麵包。若是手邊可以取得麵包酵母（新鮮）也沒有關係。住家附近的麵包店熟識後，應該也會樂意分一點給顧客。而且也可以從中得到許多麵包製作的要領或意見，感覺就像家庭醫師般能提供意見和諮商，所以還是和附近的麵包店好好親近親近吧。

但是，特別需要注意，相對於麵包酵母（新鮮）有68.1%的水分含量，即溶乾燥酵母的水分含量是5〜9%。考量到其活性，使用麵包酵母（新鮮）時，則需要2倍的用量，（更嚴謹地來說，使用4%麵包酵母（新鮮）時，水分多了4% × 0.68＝2.7%，所以會成為柔軟的麵團，所以請加以考量地減少水分用量）。

YEAST指的就是酵母，也就是如同文字所說YEAST是生物，並存在於普通的自然界當中。

即使如此，現實中仍然無法解開消費者的誤解，經由麵包公司、研究機構等為主的檢討委員會決議，停止使用「YEAST」與「天然酵母」這樣的用字，將一向使用的「YEAST」改以「麵包酵母」；「天然酵母」改以「自製發酵種」或「葡萄乾種」、「酒種」等表現材料的用字。因此，各地麵包店，也開始漸漸改變說法。

（編註：日本認為的YEAST，相對在台灣則是即溶乾燥酵母，均存在於普通的自然界、非人造，但卻被消費者認為非天然。）

3 即溶乾燥酵母的使用方法

即溶乾燥酵母添加至 "麵團" 中是使用原則。也就是先不加入即溶乾燥酵母，只用其他材料開始揉和麵團，至粉類完全消失後，再添加即溶乾燥酵母。

一般而言，麵包酵母喜歡活動的溫度帶是28～35℃，但即溶乾燥酵母的缺點是，接觸到15℃以下的水分或麵團時，活性會顯著地降低。冬天使用溫水進行沒有問題，但當夏天使用冰水時，或油酥類甜麵包需要低溫進行製作的麵團，在使用冰水時就必須特別留意了。

另外，為提高麵包酵母的活性，也可以將即溶乾燥酵母溶於溫水中。確實可以提高初期的活性，但溫水的

溫度、溶解時間有落差時，活性的表現也產生落差，結果製作出的成品也會良莠不齊，所以其實不太建議這個方法。

4 關於即溶乾燥酵母的管理

即溶乾燥酵母是以真空包裝，未開封的狀態下，常溫可以保存24個月。可是一旦開封後，原則上為避免接觸到空氣或水分，將其密封後冷藏保存。

麵包酵母在麵團中的作用

麵團當中，來自麵粉的α澱粉酶（amylase）會把澱粉轉化成糊精（dextrin），β澱粉酶（amylase）會把糊精（dextrin）分解成麥芽糖。這個麥芽糖，會經由局限在酵母細胞膜的麥芽糖通透酶（permease）導入至酵母當中，藉由酵母內的酵素麥芽糖酶（maltase）將其分解成葡萄糖。作為副材料添加的砂糖，會藉著酵母細胞表層的轉化酶（invertase），將其分解成葡萄糖和果糖，再經由通透酶（permease）導入酵母內。這些葡萄糖、果糖會經由發酵酶群（zymase），分解成二氧化碳和酒精，排至酵母之外。這個酒精成分就是麵包香氣的來源，二氧化碳則會使麵團膨脹。

麵團中麵包酵母的作用

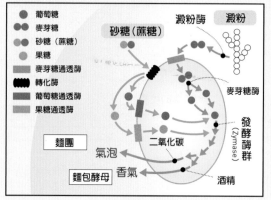

鹽

1 鹽的種類

添加於料理當中的鹽，依各種狀況或喜好，飯糰、醃漬品、義大利麵的煮麵湯汁等，像這樣簡單的料理，會直接反映出所使用鹽的風味。可惜的是，在麵包製作上，即使用了特殊的鹽，也很難改變麵包的風味或香氣。即使如此，內心的想法與認定仍然很重要，請使用廚房中常用的鹽。

2 添加鹽的時間點

在麵包製作方法中有一個後鹽法。像專業麵包師傅一般使用攪拌機時，可以不用特別在意，但鹽會使麵筋組織收縮，使得延展工序變得困難。因此，在以手揉和製作，力氣有限的狀況，不添加鹽的狀態下製作麵團，待麵筋組織完全連結、延展後再添加鹽，就可以毫無困難地延展麵團。

鹽，幾乎都是加入粉類中，但有些人也會先將鹽溶入預備用水再使用。若是使用機器製作，在最初階段就加入鹽，也必須留意不可以使麵包酵母（即溶乾燥酵母）與鹽同時加入。因為滲透壓會損及酵母的活性，就像在蛞蝓上撒鹽會造成脫水一樣。

3 鹽的用量

麵包的風味取決於鹽的添加量，說法一點也不為過。鹽的用量除了風味之外，對酵母的活性也有很大的影響。相對於100的麵粉，添加0.2%左右的少量，可以強化麵包酵母的活性，但用量更多時，反而會阻礙麵包酵母的活性。鹽和砂糖的用量，雖然與風味平衡成反比，但相對於麵包酵母的滲透壓而言，砂糖添加變多時，鹽的用量就會減少。

COFFEE TIME

考量鹽的用量

鹽，不論是從風味的觀點、或從麵包製作的觀點，都是不可或缺的材料。但使用時，也必須考慮麵包酵母的滲透壓。也就是當鹽濃度或砂糖濃度變高時，就會損及麵包酵母的活性。具體來說，配方的比例中，砂糖的用量越大，麵包酵母的用量也必須增加。但從風味平衡與麵包酵母的活性觀點來看，請將鹽與砂糖成反比地減少用量。

砂糖

1 砂糖的種類

砂糖也有各式各樣的種類，上白糖、細砂糖、黑砂糖、白粗糖、黃粗糖、細白糖、和三盆糖、蔗糖等。在廚房內會考量家人健康地使用砂糖，所以麵包製作也請使用相同的糖即可。雖然味道或許也會隨之不同，但在麵包製作的加工適性上，不會有太大的差異。

2 砂糖的添加量

依據想製作的麵包種類，砂糖的添加量也會隨之不同。雖然也還有其他要素，但確實可以說砂糖的添加量，可以代表該麵包的特徵。

本書中，以砂糖用量來分類麵包，再選取該種類中最具代表性的，在STEP1和4章節中介紹。當然不一定局限於數字，但瞭解自己喜歡的配比，落在該款麵包標準值的何種位置，也非常重要。

3 甜度

糖會因其種類而有不同的甜度感受。砂糖以100為標準時，其他糖類的甜度感官試測結果（15℃、15%的溶液），顯示的數值即是甜度的呈現。果糖是165、葡萄糖是75、麥芽糖35、乳糖15。對減肥很在意的人，只要使用甜度高的糖，也可以減少用量地製作出甜麵包。更在意的人，可以考慮使用高甜度的阿斯巴甜、甜菊，但使用這些高甜度的糖時，還需要多下一點工夫。

也就是高甜度糖無法成為麵包酵母的營養來源，作為麵包酵母在發酵時所需營養成分的糖類（除了乳糖以外雙醣類以下的糖，就是蔗糖、麥芽糖、果糖、葡萄糖），所以必須添加少量（發酵1小時的相當用量1%）。

4 成就麵包美味的化學反應

糖的存在，並不止是為了甜味，同時也對麵包的美味、香氣和顏色呈現有所助益。

首先，麵包酵母的發酵作用下，由糖生成的酒精和酯類，就成為誘人的風味和香氣來源。此外，糖在高溫下形成焦糖化、糖與蛋白質生成的梅納反應，除了增加風味和香氣之外，也能呈現出烘烤色澤。

焦糖化反應，會因糖的種類有所變化，大約在110～180℃時產生。另一方面，梅納反應即使在常溫之下也會產生，但反應的速度較慢，在155℃左右時，反應會變得更為活躍。

COFFEE TIME
想使用液態糖

麵包製作時，雖然什麼種類的糖都可以，但只有液態糖會延遲發酵。所以採用液態糖，必須加入較多的麵包酵母（即溶乾燥酵母）。

奶油（油脂）

1 油脂的味道與麵包製作的加工適性

　　油脂中，最能提升麵包風味的就是奶油。但是否能讓全部的麵包風味都因而提升，答案其實是否定的。最具代表性的就是法國麵包，法國麵包的香氣、美味來源就是因為沒有添加油脂，才得以釋放出來。軟質法國麵包等添加少量油脂的美味，特徵就來自發酵香氣和清淡的風味。所以若是添加了奶油，奶油的味道過重時，反而會使風味失衡。或許這樣的時候，沒有味道的酥油或豬油會更適合也說不定。

　　一般而言，麵包製作加工適性最佳的是固態油脂（奶油、豬油），但想要呈現鬆脆感時，液態油（橄欖油、沙拉油、精製大豆油等），可能會更適合。加上夏季冰冷後食用的麵包等，與其使用固態油，不如使用液態油，更能呈現柔軟的口感。知識雖然很重要，在更重要的是實際嘗試著製作看看。

2 藉著油脂延緩老化

　　麵包，會依其發酵時間、配比而有不同的壽命。發酵時間短，油脂添加量少的產品，壽命也越短。無添加油脂的成品另當別論，油脂越多，麵團中多是混雜了油脂的蛋白質（麵筋）量，若有適當的攪拌，就能延緩麵包的老化。除了油脂多的配比，像是甜麵包卷外，義式聖誕麵包（Panettone）、義大利黃金麵包（Pandoro）就是很好的例子。史多倫（Stollen）雖然是特殊的例子，但在德國以奶油包覆外層，放置3～4個月都還能食用。

3 使麵包易於切分

　　油脂意外地在麵包製作上，具有易於切分的效果。無油脂添加的法國麵包，切分性必定不佳，零油脂的德國麵包，也因為含有較多的戊聚糖（pentosan），所以每次切片後都必須清潔切片機（當然若是有德國麵包專

COFFEE TIME

奶油的可塑性範圍

　　雖然會因為製作的種類而有不同，但糕點麵包的製作，相較於液態油（沙拉油、橄欖油等），固態油脂（奶油、乳瑪琳等）會更好，而固態油脂當中，又以能在可塑性範圍（黏性狀態）使用者為佳。固態油脂是由細小的結晶和液態油混拌均勻而成。結晶融點並不固定，溫度變高時，融點低的結晶會因而融化，成為液態油較多的柔軟狀態。溫度變低時，部分液態油會形成結晶，因液態油減少而變硬。

　　另外，奶油的可塑性範圍是17～25℃，最適的可塑性範圍是18～22℃。這個範圍內奶油可以在麵團中，隨著麵筋組織而成為易於延展的狀態，奶油乳霜則是充分攪打使其飽含空氣，奶油蛋糕的麵團，則是奶油與砂糖以摩擦般混拌，並使其飽含空氣。為持續在這個範圍內，冬天的奶油、雞蛋和麵粉都必須回溫；夏天則是雞蛋、砂糖、麵粉都需要在冰冷狀態下使用。

用切片機，就不會有這樣的問題）。若是用切麵包專用刀（波浪刀刃）來切，可能感覺不太明顯。但僅僅加入油脂0.5%至麵團當中，在切片時也會有令人驚訝的改善效果。

雞 蛋

1 雞蛋的作用

　　雞蛋,具有使麵包體積膨脹的效果,但主要的作用在於使內部狀態呈現黃色,以及外層表皮(麵包表皮)呈現美味的烘烤色澤。當然也同時強化營養成分。

2 雞蛋的尺寸

　　在超市就可以看到雞蛋依尺寸來販售,有LL、L、M、S等。但其實蛋黃的大小,與蛋的尺寸沒有關係,蛋黃幾乎都一樣大。也就是說,小型雞蛋的蛋黃比率較大,若是能瞭解這個理論,蛋糕店在製作產品時,也會以尺寸來區隔使用。像是以蛋黃製作的卡士達奶油餡,就要用小尺寸的雞蛋;使用蛋白製作的天使蛋糕、馬卡龍時,用的就是大型雞蛋。

3 雞蛋的水分

　　重新審視配比,想要製作出更大的體積、更提升內側及表皮外層的顏色、光澤時,可以添加雞蛋,提高配比的比率,同時也必須改變配比中的水分用量。此情況下,雞蛋的水分視為76%,則水分用量就請重新計算。(例如,添加100g的雞蛋,則水必須減少76g。)

關於水分

雖然一開始可能會比較困難,但漸漸習慣之後就能夠從既有的配比中,挑戰調整製作出個人喜歡的配方比例。此時,最重要的就是麵包材料中的水分%,若能記住主要原料中各別的水分,就能出師獨當一面了。麵粉14%、麵包酵母(生)68%、即溶乾燥酵母5〜9%、奶油16%、雞蛋76%、牛奶87%等。其他會影響加水量的原料,增減砂糖5%或油脂5%時,加水1%就成了反向增減了。

※具體的計算例如下所示。(當a變成b時,加水量會如何變化)

● 以餐包為例

【配合】	a 烘焙比例	b 烘焙比例	吸水的變化
① 麵粉 (高筋麵粉)	100	80	
② 麵粉 (低筋麵粉)	—	20	−2 高筋麵粉100%換成低筋麵粉100%時,吸水減少10%
③ 即溶乾燥 酵母(紅)	2	2	0
④ 鹽	1.6	2	0
⑤ 砂糖	13	8	1 砂糖增減5%則反之吸水減少1%
⑥ 奶油	15	20	−1 奶油增減5%則反之吸水減少1%
⑦ 雞蛋 (淨重)	15	25	−7.6 雞蛋的水分是76%,所以雞蛋增加10%時,吸水減少7.6%
⑧ 牛奶	30	20	8.7 牛奶的水分是87%
⑨ 水	20	19.1	−0.9 以全體計算「吸水的變化」,則是減少0.9%
合計	196.6	196.1	

請注意以訛傳訛的都市傳說

有許多關於雞蛋以訛傳訛的都市傳說，請注意不要被騙了。

＜都市傳說＞
· 有精蛋比無精蛋營養。
· 有色蛋（紅殼）比白色蛋（白殼）營養。
· 蛋黃顏色深濃者比較營養（飼料中所含的色素影響較大）。
· 過度食用雞蛋會膽固醇過高，而引發動脈硬化。
· 剛生下的雞蛋比較美味。

＜正確知識＞
· 蛋殼粗糙者比較新鮮。
· 蛋黃隆起較高者比較新鮮。
· 蛋白濃厚地隆起者比較新鮮。
· 生雞蛋不容易消化，煮過的半熟蛋比較好消化。
· 水煮較久的蛋比較好剝殼。

牛奶

1 牛奶的作用

牛奶中約含有5%具甜味的乳糖。乳糖的結構，無法被分解成為麵包酵母營養成分的糖類，在經過焦糖化或梅納反應後，其作用貢獻在烘烤色澤、風味和香氣上。此外，在麵團中加入牛奶，可以強化麵粉的限制胺基酸－離胺酸（Lysine）等，更強化營養成分。

若是擔心過敏的人，也可以用少量的水或豆漿來替換。

2 麵團的影響

以前，只要在麵團中加入牛奶，就會造成鬆弛或沾黏而延緩發酵，所以理所當然地煮沸後再使用。但最近的牛奶幾乎都是超高溫殺菌法（在120～150℃中，以1秒以上5秒以內殺菌的方法，UHT法：Ultra high temperature heating method）來處理，即使取代水分使用，也幾乎不會對麵團造成影響。

3 其他的乳製品

除了牛奶之外，以乾燥噴霧製作出的脫脂牛奶、全脂奶粉、除去奶油後製成的脫脂奶粉、煉乳、加糖煉乳等，市面上有各式各樣的乳製品。此次食譜（配比）中設定的是家庭日常飲用的牛奶，但如果有興趣，也可以用其他乳製品試試看。

家裡冰箱有很多豆漿時，也可以用於製作，麵包製作的加工適性幾乎沒有變化。

水

1 自來水即已足夠。

適合麵包製作的水，被認為是硬度120mg/ℓ前後，或是硬水（軟水：0～120mg/ℓ、硬水：120mg/ℓ以上），日本90％的自來水在硬度60mh/ℓ左右。在此之前，也用過日本各地的自來水烘烤麵包，只要是自來水，就沒有會妨礙影響麵包製作的成分，請大家放心使用。

但使用地下水的區域則不在此限。以前曾在輕井澤以機器進行麵包製作，以好的方面來看，麵團更加緊實，用自來水製作的一般配方，在輕井澤無法製作出美味的麵包，必須為輕井澤設計專用的配比。

也有人會使用礦泉水，特別是硬度高的Contrex等，但本書當中並不是以特殊製作方法或製作特殊麵包為目標，因此使用一般的自來水就可以了。

2 加水多可以製作出美味的麵包

最初製作時，略硬的麵團會比較容易操作。常會說耳垂的硬度，但與其說耳垂的硬度，不如想像揉和完成的麵團，會像嬰兒屁股般柔軟地程度，來決定加水量。一旦習慣製作後，再儘可能地多添加水分。麵包可以變得更美味，也可以延緩麵包變硬（老化）的時間。

3 麵團的溫度調整

水在麵包製作的材料中，擔任著最重要的角色。硬要使用的話，米粉也能製作麵包、沒有鹽、砂糖時用其他代替品也可以製作麵包，但沒有東西可以取代水分。即使有麵包酵母，但沒有水分也無法產生任何作用。而其中藉由調整使用的水溫，可以控制麵包的麵團溫度。製作像可頌等需要在低溫狀態下完成揉和的麵包時，可以在前一夜先將自來水裝入保特瓶內，放入冷藏冰涼備用。夏季時，這樣的保特瓶冰水也可以活用在其他的麵團上。

以此來看，也可以說由各個角度來看，日本的水或許是全世界最適合製作麵包的水也說不定。

4 水的pH值

對科學稍有瞭解的人，可能會很在意水的pH值。所謂的pH，是以數字1～14來表示溶於水中的氫離子濃度。中性值為7，數值越大則鹼性越強，越小則酸性越強。

麵團當中，為了麵包酵母的活性，也為了緊實麵筋組織，一般會認為弱酸性最適合，但因為有麵粉的緩衝作用，以一般大家平常飲用的自來水（pH5.8～8.6：根據日本厚生勞働省水道水質基準），也幾乎不會影響麵包製作的加工適性。

水的硬度

所謂硬度，是指「以一定指數來表示水中鈣及鎂的溶解量」，表示1公升水中的含鈣量。日本平均的自來水硬度為60mg/ℓ，雖然被視為微軟水，但以麵包製作的加工適性來說，是沒有任何問題的。

STEP 3

麵包製作的工序

要完成美味麵包的烘焙，需要各式各樣的工
序。因為要將麵粉和水分形成的塊狀，變化成
膨鬆柔軟的麵包，這是無可取代的步驟。每個
工序都具有十分重要的意義，請務必理解其意
義地漸次進行。

只要有過一次麵包製作的經驗，應該就會對麵
包店更心存感恩了。這麼麻煩的工序，可以用
如此便宜價格販售的麵包店，彷彿如同神祇般
的存在。

麵包製作的工具

麵包製作時，出人意外地預備作業非常重要。關於麵包的材料前面已經介紹過了，關於製作工具，也請在事前準備好。

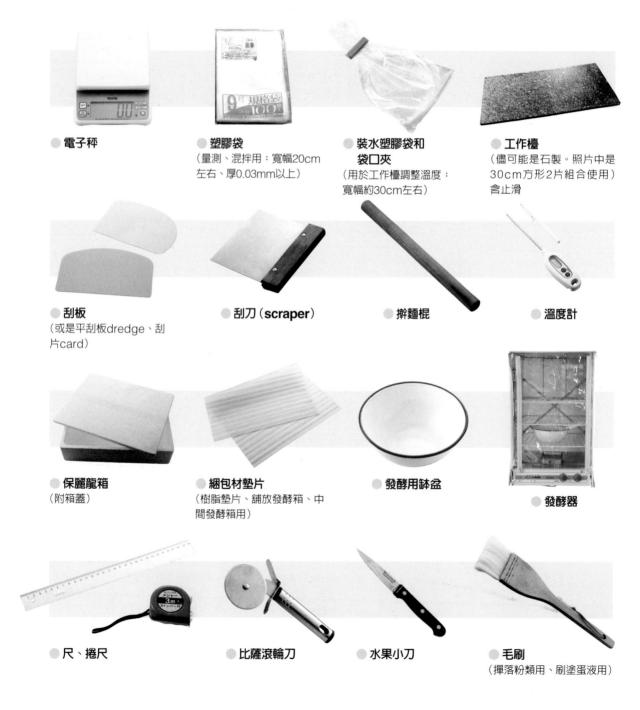

● 電子秤

● 塑膠袋
（量測、混拌用：寬幅20cm左右、厚0.03mm以上）

● 裝水塑膠袋和袋口夾
（用於工作檯調整溫度：寬幅約30cm左右）

● 工作檯
（儘可能是石製。照片中是30cm方形2片組合使用）含止滑

● 刮板
（或是平刮板dredge、刮片card）

● 刮刀（scraper）

● 擀麵棍

● 溫度計

● 保麗龍箱
（附箱蓋）

● 綑包材墊片
（樹脂墊片、舖放發酵箱、中間發酵箱用）

● 發酵用缽盆

● 發酵器

● 尺、捲尺

● 比薩滾輪刀

● 水果小刀

● 毛刷
（撣落粉類用、刷塗蛋液用）

◉ 吐司模

◉ 磅蛋糕模

◉ 菊型模
（僧侶布里歐brioche à tête用）

◉ 圓筷
（法國麵包整型用）

◉ 法國麵包用布巾
（帆布、或布巾）

◉ 麵國麵包用取板

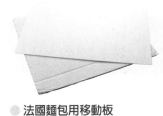
◉ 法國麵包用移動板
（厚紙板、板子或PVC板）

◉ 波浪刀
（鄉村麵包割紋用）

◉ 割紋刀
（雙面刀和竹筷）

◉ 內餡刮杓
（一般大多是不鏽鋼製）

◉ 橡皮刮刀

◉ 水霧噴瓶

◉ 烤盤紙
◉ 保鮮膜材料
◉ 烘焙紙

◉ 手粉（撒入缽盆）
◉ 奶油（或脫模油）

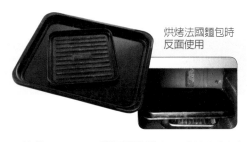
烘烤法國麵包時
反面使用

◉ 烤盤（烤箱用）、蒸氣用烤盤（吐司烤箱的烤盤）

◉ 隔熱手套

也並非一定要全部齊備才能製
作麵包，但若在工序過程中才
要慌亂準備，是絕對烤不出美
味麵包的。

81

麵團的預備（混拌）

1 選取材料及前置處理

開始製作麵團之前，先考量配比，即使是相同的材料要選用哪個品牌，或想要提升品質到哪個程度，這些都是為了製作美味麵包的重要技術與知識。

另外，也請先考量各種材料的前置處理。有必要進行特殊前置工序的部分，都會在該處進行說明，但添加至麵粉中的材料，基本上與麵粉的吸水率60％有相同硬度（製作麵團時，麵團的硬度，會以嬰兒屁股或耳垂硬度為例地表示，要做出這樣的硬度，指的是以低筋麵粉60％、高筋麵粉70％左右的吸水率。具體而言，例如100g低筋麵粉的含水量為60g，高筋麵粉則為70g的意思）再添加，是必要的考量。

吸水率極端不同者，例如馬鈴薯粉，就必須預先以水還原後再添加。加入麵團中的葡萄乾（水分14.5％）等，會在麵團水分40％左右的狀態下加入。（葡萄乾的前置處理，於STEP 4的葡萄乾麵包中說明。）

2 關於計量

請依照配比一覽表中的材料進行量測。重點在於重量越少的材料越要仔細地測量。重量多的麵粉或水分即使略微有出入，也不致於對麵包產生太大的影響，但重量少的鹽或即溶乾燥酵母的用量一旦有差別時，可能會對發酵、風味、形狀都產生巨大的影響。

再更具體來說，烘焙比例以％來標示時，請將小數點第一位為止的數字，作為有效數字。以此數字來進行實際重量計算時，有時會算到小數點第二位，但請以四捨五入法，算至小數點第一位。重量越大時，四捨五入法更不會造成影響。

3 混合粉狀材料

接著要進入麵團製作了。首先必須留意的是均勻混合材料，粉類材料在加水前，先使粉類材料均勻混合備用。使用缽盆時，先用5根手指抓拌；使用塑膠袋時，則在袋內均勻混合備用。

● 在缽盆中

● 在塑膠袋內

4 添加水分

知道加水量（加入的水分用量）時，儘可能一次加入，使袋內飽含空氣地讓麵團撞擊塑膠袋內側般地，確實強力搖晃振動。當袋內材料成為某個程度的塊狀時，直接在塑膠袋上方確實搓揉。當材料整合成團後，就能輕易地由袋中取出了。

5 結合麵團

當袋內材料成為某個程度的塊狀時，將麵團取出放至工作檯上，約揉和50次。此時，麵團會產生較弱的連結，所以在此靜置20（～60）分鐘。這個麵團的靜置過程，就稱為自我分解（autolyse自己消化、自己分解）。

攪拌的目的，是為使麵筋組織連結，使其能薄薄地延展。但光是努力的攪拌，並非使麵團結合最好的方法。麵團適當地靜置，也是很重要的攪拌，也能讓麵團連結，這就是「自我分解」作用的成效（請參照P.84的照片）。

此時非常重要的是，儘可能提供容易形成麵筋的環境，也就是齊備能結合麵筋組織所必須的麵粉、水、麥芽精等酵素。另一方面，阻礙麵筋結合的油脂、對麵筋有緊實、收斂作用的鹽，就先不添加。（鹽可以更強化麵筋組織，使麵筋組織更紮實，也能讓烤箱內延展得更好，但鹽的存在會延緩麵筋的連結。所以本書當中，使用的都是在麵筋組織確實完成連結後，才添加的「後鹽法」。）

6 添加即溶乾燥酵母的時機

本來麵包酵母是在自我分解後再添加的，本書中是在自我分解前添加，介紹在不均勻的麵團中添加，使其分散的步驟。

此次使用的即溶乾燥酵母，為提高保存性地使用水分5～8.7%的產品（因品牌而異。本書當中使用的是法國燕子公司SAF製5%的產品），相較於麵包酵母（新鮮）水分68.1%，大幅減少。因此，為使其恢復活性，必須使其含有相等用量的水分。需要的時間是15～20分鐘，所以才會在自我分解前添加，之後再揉和使其均勻混入麵團中的方法。

麵團連結的狀態

摘自：Maeda, T., cereal chem. 90(3), 175-180.2013（※除標示外）

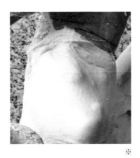
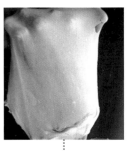

螢光顯微鏡照片

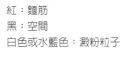

紅：麵筋
黑：空間
白色或水藍色：澱粉粒子

因攪拌而逐漸改變的麵團狀態（從左至右）。對照本書重點3（P.8）說明麵筋形成狀態的數字，由左開始各為10、40、80、100。下方則是以螢光顯微鏡所觀察到其各別的狀態。

7 自我分解的效果20～60分鐘

自我分解以20分鐘為基本，至60分鐘以內最為適當。時間過長，也不盡然會有相對的效果。自我分解完成時，再次重新努力進行攪拌。麵團的配比也會因製作的麵包而有不同，但想要確實地形成麵筋，麵團揉和100～200次是必要的。在此要使麵筋連結至8成左右。

並且，自我分解前加入即溶乾燥酵母的麵團，更請必須嚴守20分鐘的靜置。

● 自我分解前

● 自我分解後

8 從攪拌的3要素（基本動作）中 選出自己的方法

攪拌的3要素（基本動作）是「敲叩、延展、折疊」。到目前為止以手揉和的方法，都是在缽盆中混拌至麵團某個程度結合後，才由缽盆中取出，將麵團「敲叩」在桌面上。此時「敲叩」的麵團都不離手。因此，與其說「敲叩」不如說是「拿在手上丟擲」會是比較正確的表達方式。這個動作，在給予麵團強烈撞擊的同時，也能使麵團「拉長延展」。而拉長延展（寬大地延展）麵團結合成團，就能以「敲叩」來表示了。

攪拌的基本動作，雖然就是這3種，但並不是這3種動作都必須平均地動作。即使只用其中一種，也可以做出非常棒的麵包。雖然說一旦充分發酵，麵團就會「連結」，但發酵換言之就是「延展麵團」。本書當中，考慮到不給周圍的人帶來困擾，以及自己體力的狀況，是以「延展和折疊」為主地進行攪拌，當然如果夫妻吵架後、生氣老闆時，此時就請務必改用「敲叩」作為主要攪拌的動作。如此一定可以將當下的心情，轉化為烘烤出精氣十足的麵包。

● 「敲叩」和「折疊」

● 「延展」和「折疊」

9 之後才添加鹽和油脂

當麵筋約形成8成時，加入鹽和奶油，再繼續攪拌。（麵筋組織若已形成8成，麵包在烤箱內就能充分地延展。也就是加入鹽和油脂的時間點，幾乎是麵團完成的時間點。）

COFFEE TIME

此次的攪拌方法

① 一般社團法人ポリパンスマイル協會正在推廣世界最簡單的麵包製作法，就是採用塑膠袋混拌麵粉和水的方法。這個方法可以不用弄髒廚房、只要在麵粉中加入水，就可以簡單、均勻、迅速地完成。

② 以除了鹽和油脂以外的原料製作麵團，之後放置自我分解（autolyse自己消化、自己分解）20分鐘。在麵粉中加入水分靜置，可以使麵筋自然形成連結。並不是只有揉和才是連結麵團的唯一方法。

③ 之後，以手揉和麵團（攪拌）。攪拌的3要素是「敲叩、延展、折疊」。以「敲叩」為主地進行攪拌時，公寓的房間聲音可能會大到造成附近鄰居的不滿。

因此，此次不以敲叩，而改以揉和（延展、折疊）動作為主地進行攪拌。

邊留意麵團溫度，邊努力將麵筋組織薄薄地均勻延展。以確認麵筋狀態來判斷是否完成攪拌，但最初尚未掌握住要領時，很難將麵團延展成薄膜的。但只要能抓到訣竅，反而是出乎意料的簡單，所以請不要放棄，耐心接受挑戰吧。

如前所述，奶油在攪拌工序的後段才加入，是因為奶油會阻礙麵筋組織的結合。鹽也會緊實麵筋組織，使麵筋難以連結，因此書中採用的都是後鹽法，是一種可以更輕鬆地形成麵筋組織的方法。

10 一起練習麵筋組織的確認吧

確認麵筋組織的技巧，就是不急不徐、緩慢地、特別是不能急燥，左右指尖相互前後交錯地、少量漸次地，使其鬆開般地緩慢拉動展延。練習當然也很重要，但也可以參考影片、IG上的照片等，邊參考專業師傅的動作，邊學習掌握要領。

此外，以延展的麵團判斷麵筋組織程度的能力也很重要。下方是餐包麵團，以不同揉和次數來介紹麵筋組織狀態。以手揉和時，無論如何努力，都無法與機器的攪拌相提並論，所以不會有過度揉和的狀況。請努力地確實進行揉和工序吧。

11 避免麵團乾燥，隨時留意！

完成揉和的麵團，滾圓後放置發酵，但更重要的是要避免麵團的乾燥。麵包製作上，有自我分解、一次發酵、中間發酵和最後發酵等，幾次長時間放置麵團的工序。放入缽盆中，除了仔細地覆蓋保鮮膜之外，也建議

所謂麵筋

雖然可能很多人會誤解，但其實麵粉中是沒有麵筋的。麵粉中有的是稱為醇溶蛋白（gliadin）和麥穀蛋白（glutenin）的蛋白質。麵筋是在醇溶蛋白（gliadin）和麥穀蛋白（glutenin）中加水，輕輕攪拌後最初形成的蛋白質。麵筋最初是緩慢結合的塊狀，隨著攪拌而更強化連結，最後變成能被延展的薄膜。這個薄膜可以包覆酵母產生的二氧化碳，使其如氣球般膨脹，形成麵包內的氣泡。

● 麵筋分子

資料：Bietz ら（1973年）

可以在缽盆中刷塗較多的奶油，將滾圓後的麵團表面按壓在缽盆上，翻面，使麵團表面形成奶油包覆膜，以防止乾燥（請參照P.86的照片）。無論哪一種，都請仔細地完成。

自我分解前

自我分解後

自我分解後揉和50次

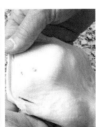
再揉和100次（自我分解後揉和150次）

再揉和150次（自我分解後揉和300次）

添加鹽、奶油之後，再揉和150次（完成麵團）

● 缽盆上包覆保鮮膜

在自我分解或發酵時，務必覆蓋保鮮膜

● 發酵器

可以保持一定溫度和濕度的家庭用發酵器。溫度設定在27℃，就足以應對從自我分解、發酵、中間發酵至最後發酵的各個階段。在安定的溫度下，沒有覆蓋保鮮膜也沒有關係。

● 保麗龍箱

最好是有蓋子。如果沒有則一定要覆蓋保鮮膜。室內、浴室、暖氣桌，任何地點都可以。並且在箱子中墊高並放上網架，可以注入熱水來調整濕度和溫度（1小時左右）。

使用奶油避免乾燥的方法

● 在缽盆中塗抹奶油

● 按壓麵團

● 翻轉麵團

● 使沾裹奶油的面朝上

12 麵筋類似形狀記憶合金

在發酵階段的麵團體積和形狀，會在進入烤箱後再次重現。也就是麵筋具有類似形狀記憶合金（Shape Memory Alloys）的性質，只要曾經一度大大地延展後，麵筋組織就會在烤箱中再次呈現相同的大小。就像是曾經吹大過的氣球，即使是小朋友也可以簡單地再次吹大一樣。

因為這樣的特性，所以也可以說，發酵麵團的缽盆形狀，儘可能使用接近你想要完成烘烤的形狀與大小。

大型麵包店的吐司，採用的是4小時中種法，就是以中種發酵4小時的製作方法，發酵時使用的箱子（缽盆），是比吐司烘烤模型更大數倍的容器。想要烘烤出側面膨脹的麵包時，使用的是底部狹窄、側面較高的發酵缽盆，想要烘烤成一般的麵包時，則可以使用平坦的發酵缽盆，利用麵筋組織記憶的形狀，在烤箱中麵團也會延展成當時的方向。

13 依據麵包而有不同的製作方法

麵包中，有確實攪拌形成麵筋組織，體積膨大完成烘烤的種類，當然也有像中式包子、洛斯提克麵包（Pain rustique）、可頌等不太進行攪拌，風味濃郁、口感良好的種類。

請先思考自己想要的是何種麵包、風味、口感後，再決定製作方式。但在麵包製作尚未熟練之前，其實不需要想那麼多。總之，請先練習確實完成麵團的揉和吧。

14 決定加水量的方法

麵粉中加入的水量，雖然前述提到，水加得多比較可以烘烤出美味的麵包。但是一旦水分較多時，麵團會變得沾黏而難以進行工序。在習慣製作前，建議還是製作略硬的麵包為宜。不過，也請不要忘記柔軟的麵團，可以烘烤出較柔軟、美味的麵包，也能延緩麵包的老化。

15 調整水的溫度

雖然有正式計算水溫的算式，但在剛開始麵包製作時，不需要那麼在意。只要儘可能記錄下室溫、使用的水溫以及揉和完成時的麵團溫度，就可以成為下次製作時的寶貴資料。

原則上，想要升高1°C的麵團溫度時，必須要升高3°C的水溫，但想要降低1°C時，水溫也要降低3°C。但是像家庭內少量製作時，室溫的影響比較大，也不必完全吻合這個原則。

16 攪拌工序中的溫度管理

製作麵團時，溫度是非常重要的。話雖如此，寒冷的冬天、炎熱的夏天，常會因為氣溫而使得麵團溫度大幅偏離目標溫度。這個時候，可以在大的塑膠袋內裝入約1ℓ的熱水（夏天時是冰水），擠出空氣，使其不會外漏地栓緊後，以此溫熱（或冷卻）工作檯，再進行攪拌工序。比起調整室溫更具效果，也更可以簡單地使麵團達到期待的溫度。請務必一試。

若不幸地麵團溫度偏離了目標溫度時，每偏離1°C，則全體發酵時間（一次發酵＋中間發酵＋最後發酵）要增加20分鐘，或縮減地進行調整。

17 發酵時間也是麵團攪拌的一部分

家庭內製作麵包的先驅－宮川敏子老師，建議將完成製作的麵團放入塑膠袋內，置於冷藏一夜熟成，翌日分割、滾圓、最後發酵、完成烘烤，正好可以來得及當早餐。雖然現在麵團放入冷藏發酵已經非常普及了，但在50年前就開始如此進行，也是令人驚異的先鋒。

如此低溫長時間熟成的麵團，在進行分割、整型時，麵團的連結會變好，也更能烘烤出體積膨鬆的美味麵包。

發酵（一次發酵）

1　麵包的定義

　　「麵粉等穀粉中加入麵包酵母、鹽、水，經攪拌、發酵、完成烘烤的成品就稱之為麵包。」這是麵包的定義，也就是若未經發酵的快速麵包（quick bread）等，正式而言，並不可稱為麵包。藉由發酵工序使麵包酵母、乳酸菌產生作用，使麵團中充滿好的有機酸、胺基酸、酒精等，烘烤成美味的麵包。

2　麵包的美味來自發酵

　　世界上稱為發酵食品的東西非常多，味噌、醬油、酒、味醂、優格、乳酸飲料，還有麵包。這些食品的美味，都是由酵母菌或乳酸菌等作用後所生成的。再更奢華一點地添加這些發酵食品，有可能更加提升麵包的美味。

3　麵包酵母產生二氧化碳的能力，與麵團保持氣體的能力

　　麵包酵母分解麵團中的糖分，而產生二氧化碳。但即使生成了二氧化碳，也必須要有能包覆防止二氧化碳逸出的薄膜，這就是麵筋組織。麵包的體積變大，就是因為麵包酵母分解糖分後，產生的二氧化碳量，以及麵團中能光滑膨脹並保持氣體的能力。

4　所謂按壓排氣

　　按壓排氣，也被稱為排出氣體，指的是在直接法（straight）的一次發酵過程中，排出麵團的氣體，折疊麵團、重新滾圓。目的在於將麵包酵母發酵過程中，排出充滿在麵團內的二氧化碳，重新提供麵包酵母新的氧氣，使麵團的溫度均勻，因麵筋連結產生的加工硬化，提高麵包的彈性（賦予側邊麵團力量）。

　　這個理想的方法，將放入刷塗了大量油脂的鉢盆內完成發酵工序的發酵麵團，從20～30cm高的位置，倒叩鉢盆藉由麵團本身的重量落下，使麵團整體承受相同的撞擊，以排出多餘的氣體。麵包中均勻不一的氣泡，大氣泡的內壓較小，衝擊接收力弱，所以氣泡越大越容易因此而分裂，使氣泡量增加。內壓小的氣泡仍持續存在，所以麵團內的氣泡也會變成均勻的大小了。

　　按壓排氣的時間點，原則上是第一次發酵時間的三分之二時。比這個時間早，則按壓排氣的效果不顯，太晚時又效果過大，會使麵團的彈力過強。因此，忘了按壓排氣或是較晚才進行時，按壓排氣的力道必須較平常更輕一點。

　　另外，按壓排氣的時間，可以用「手指按壓測試」的方法來計算（請參照P.89）。

5　進行發酵的場所

　　麵團放入鉢盆並覆蓋上保鮮膜，請放置於浴缸中的保麗龍箱內或暖氣桌下，或房間內最溫暖的地方。但大家必須先瞭解，暖空氣比較輕的事實，也就是即使是在相同的房間內，接近天花板比較溫暖，而靠近地板則比較涼。

　　若是發酵空間的溫度較目標溫度高時，發酵較快，發酵時間就必須縮短。反之較低時，發酵時間就必須拉長。也有在盛夏室溫高時，減少麵包酵母的用量；反之，隆冬室溫低時，增加麵包酵母用量的方法，但這個方法留待技術更進階後再來研究吧。

　　已經提過很多次的重點，發酵要避免麵團表面的乾燥。麵團的表面一旦乾燥，麵團無法延展，也難以吸收外部的熱量，即使放入烤箱後也不容易烘焙膨脹。

● 手指按壓測試

在麵團表面輕輕撒上手粉。

以蘸了粉類的中指，從麵團正中央深深地插入。

即使手指拔出後，按壓在麵團的孔洞仍保持殘留狀態，就是按壓排氣的最佳時機。若是孔洞立即恢復，則需再稍候。

分割・滾圓

1 避免損及麵團

經過發酵工序的麵團，其中麵筋組織的薄膜會變得容易損傷。原因在於麵筋薄膜變薄，而二氧化碳包覆於其中，分切後的麵團切面容易沾黏，也是容易損壞的狀態。最理想的情況，就是一次切分出所需的重量，但這並非簡單可以達成。請儘可能配合分切重量地，減少分切次數。

2 量測吐司模型的容積、麵團的重量

實際量測吐司模型的方法有很多，在此介紹最簡單的方法，就是倒滿水後，測量水分的重量，水分的重量就是模型的容積。

吐司模型並不一定是不會漏水的，不如說幾乎所有的吐司模型都會漏水。因此，在倒入水分之前，先在模型中鋪放保鮮膜，作好防漏的準備。在電子秤上擺放方型淺盤（避免漏水），再放上鋪有保鮮膜的吐司模。將標示調整成0（除去容器的重量），輕輕地倒入水分。水分倒滿至因表

面張力而略為隆起地的程度，並記錄下裝滿水時的重量。

若擁有各種不同的容器時，請將所有的容器容積都量測起來備用。

相對於模型的容積，要在麵包模型中放入多少重量的麵團，就會以「模型比容積」來呈現。市售的吐司（方形）的平均值是4.0，家庭製作時很難做出如此輕的吐司，所以本書的設定是3.8。

通常1斤模型是1700ml，烘烤方型帶蓋吐司模時，除以3.8，就是447.4，也就是大約450g，那麼就是填裝2個225g的麵團。另外，山型（英式）吐司烘烤時，就必須裝填更多的重量。

3 各種滾圓強度

所謂的滾圓，是分割工序之後，為防止中間發酵時氣體逸出、或是為了使下個階段的整型工序更容易完成，將麵團整成圓形。

即使簡單說「滾圓」，但其強度及形狀也各有不同，分切後的滾圓，儘可能輕巧地進行，簡單地進行工序。總之，不要過度觸碰麵團。

之後，吐司放置20分鐘、糕點麵包放置15分鐘，使中央硬塊消失，再進入下一個需要仔細滾圓的階段。

4 想像整型的形狀

在法國麵包的分割、滾圓時，必須要預見下個整型工序中的形狀。若是圓形或巴塔麵包，整型成圓形就可以了；但若是要整型成長棍麵包時，在這個階段就要先整合成長方形。

另一方面，吐司的滾圓，與其說是圓形，不如說是枕頭狀更能呈現出漂亮的內側狀態，為什麼呢？請試著思考後看看。

寫下答案。

在中間發酵後，以擀麵棍排出氣體，再擴大延展麵團，但此時的麵團如果是枕頭狀，就能擀壓推展成橢圓形。麵團放成縱向，由身體的方向像是捲壽司般捲起時，捲起的次數會變多，結果就能使內側狀態呈現出更細緻、漂亮的成品。

困難? 簡單? 滾圓

無法順利漂亮地滾出圓形的不是只有你一個人。沒有人一開始就能滾出漂亮形狀。但請放心，麵包店內沒有一個人會滾不出圓形，也就是說任誰都能做得出來。請放心地慢慢努力吧。

中間發酵

1 以15～30分鐘為標準

所謂的中間發酵，就是結構鬆弛，也就是靜置因滾圓產生加工硬化的圓形麵團，使麵團成為下個整型工序時（加工硬化），可以更易於操作的時間（工序），一般標準是15～30分鐘。

雖然也會依麵包種類而有所不同，但意外地這個時間會大幅影響最終完成的麵包品質。也就是說，後半的發酵對麵包的外觀、呈色有更顯著的影響。

2 麵團內留有硬塊是不可以的

試著觸摸看看經過中間發酵的麵團，如果中央彷彿留有硬塊時，就還不能進入下個階段的工序。分割滾圓時，確實地滾圓成漂亮形狀的麵團，即使經過一段時間，還是很容易留有硬塊。在這個階段下，如果強硬地進入整型工序，很容易會引發表面不光滑（麵團表面凹凸、沾黏等）的缺點。也就是分割後的滾圓，不要過度用力滾成圓形。

但與之相反，也有即使經過分割、滾圓後，仍然沒有彈性、呈現坍塌的麵團。這個時候，請強力滾圓，再次重覆進行滾圓工序，同時再次進行中間發酵，也是可以烘烤出有彈力的麵包。

3 在此仍要避免麵團乾燥

無論什麼時間，麵包最大的天敵就是麵團表面的乾燥，發酵時間經常是最危險的時候。雖然有點麻煩，但請儘量將麵團放入容器內，蓋上蓋子、或覆蓋保鮮膜、或裝入塑膠袋內等來因應。

整型

1 儘可能簡單地整型

無論誰都是虛榮的，想要烘烤出漂亮的形狀是人之常情。但要完成複雜的形狀，就必須花那麼多的步驟來完成，都已經做到這個程度時，就好像要把麵團中的酒精、有機酸、芳香物質…，全部丟棄一樣。為了讓這些使麵包美味的發酵物質，可以完全保留在麵團中地，請簡單地整型吧。

2 不要使用手粉比較好嗎？

大家都會說儘可能不要使用手粉，是製作出美味麵包的重點。但確實如此嗎？經常可以看到為了不使用手粉，而製作成略硬的麵團，其實是本末倒置的。手粉是必要不可缺少的，製作柔軟麵團時，請留心適度地使用手粉吧。

手粉也會因國家而不同

手粉會弄髒廚房。即使不是如此，製作麵包時麵粉一樣會飛散。在西班牙的麵包店內是沒有手粉的，全部使用橄欖油來代替手粉。您覺得如何呢？是想要保持廚房的整潔，還是要不要試試使用少量的橄欖油來進行工序呢？

最後發酵（發酵箱）

1 不要過度被數字影響

製作麵包的教科書中，會寫著發酵箱的溫度、濕度是32℃、80％，或是27℃、75％等等。但其實所謂的最後發酵，就是鬆弛因整型而變硬的麵團，使氣體充分保留在麵團內部，促進烤箱內的延展，使麵團在柔軟狀態下受熱，製作出優質麵包的最後工序。

因此，教科書上寫的數字，也不一定必須要嚴格遵守。以標示溫度、濕度為上限，最低溫度是麵包酵母活躍範圍的最下限15℃以內，以此作為設定範圍。簡而言之，在最後發酵時，麵包的體積約是期待體積的8成左右即可。

2 奶油多的麵團，必須在奶油融解溫度以下進行

布里歐、可頌、丹麥油酥類甜麵包等，奶油配比較多的麵團，較奶油融解溫度32℃更低5℃的溫度，就是進行最後發酵溫度的原則。

也就是油脂添加量多的麵團，請多加留意，以較使用的油脂融解度低5℃的溫度，作為最後發酵溫度（發酵箱溫度）。

3 最後發酵（發酵箱）的時間

吐司般放入模型烘烤的麵包，最後發酵（發酵箱）的溫度濕度仍然不變時，那麼時間的長度和烤箱延展的大小會成反比。也就是說，設定的最後發酵時間內，仍尚未完成膨脹時，即使延長了時間，麵團放入烤箱後，也不會再延展，因此最好在最後發酵時，充分確保體積的大小之後再放入烤箱。另一方面，比最後發酵設定的時間更短就完成體積膨脹時，與其相反，即使放入烤箱內，麵團仍會保持其延展膨大的狀態，所以若沒有迅速地放入烤箱，就會成為過度延展的麵包。

本來緩慢地進行最後發酵，比較能製作出風味良好的麵包，即使沒有放入模型，也可以製作烘烤出體積膨大、輕盈的麵包。只要避免麵團表面乾燥地多加留意，即使在某個程度的低溫環境（最低至15℃）下，只要多花一些時間，仍能完成最後發酵。無法一次完全放入烘烤的第二片烤盤，放置在低溫環境下，緩緩等待備用即可。

舉個例子，通常最後發酵的印象，是連同烤盤一起放入大型有蓋子的保麗龍箱當中，注入溫水，在烤盤架起的狀態下（擺放在網架上），使麵團發酵成2～2.5倍，若放在更冷涼的室溫下，則避免觸及麵團地包覆保鮮膜靜置，只要是15℃以上，都能成為可以入窯烘烤的狀態。若溫度低於15℃時，或許就需要靜置6小時或半天以上也說不定，請再調整時間。

前面已經提過很多次了，但還是要說，絕對必須避免麵團的乾燥，一旦表面乾燥，麵團的體積就無法變大，烘烤時也無法呈現色澤，會烤出泛白的麵包。

完成烘烤

1 原則是高溫、短時間烘烤

雖然也有其限度，但麵包請盡可能高溫、短時間地烘烤。如此才能烘烤自己喜愛、薄且具光澤的表層外皮，和Q彈柔軟內側（中間）的麵包。

雖然使用家用烤箱會比較困難，但專業麵包師傅可以在6分鐘，就完成糕點麵包的烘烤。

2 放入烤箱時，必須提高溫度設定

家庭用烤箱，在打開烤箱門放入麵團時，無論如何都會造成烤箱內溫度急遽降低。預先將此納入考量，將開始的溫度設定在較實際溫度高10～20℃（以自己的烤箱來確認），在麵團放入烤箱關上箱門後，再將溫度調回實際所需的溫度設定。

3 麵包的光澤是刷塗蛋液還是蒸氣？

進行烘烤工序時，糕點麵包、餐包、布里歐等含糖量較多的小型麵包，會刷塗蛋液。但無添加糖分的法國麵包、德國麵包或是糖分配比較少的軟法等，則是在放入烤箱時，加入蒸氣。我個人在烘烤吐司麵團時，也會放入蒸氣，因為像吐司模型的隙縫，蒸氣也一樣可以滲入。但無論烘烤時是刷塗蛋液或放入蒸氣，請務必擇一為之，麵包會呈現出完全不一樣的美好風貌。

容我在此論述一下其原理，家用烤箱不比專業烤箱，在密閉性、蓄熱性能上都較不足。而蒸氣就具有優異的蓄熱功能，請大家務必要試著利用蒸氣製作看看。

蒸氣的加入方式，之前也說明，需要預先在烤箱底部放置蒸氣用的烤盤，在麵團放入後，在熱烤盤內注入50～200ml的水，就會急遽地產生蒸氣。將蒸氣用的烤盤前端略為提高，或是在烤盤上預先放入小石頭、派皮重石（塔餅重石）等。如此可以使水的蒸發面積變大，產生更具效果的蒸氣。

4 關於蒸氣的種類及產生的方法

本書當中，大多數的麵包在烘烤時，會使用蒸氣，蒸氣產生的方法可分成2種。

一個是低溫蒸氣，用於需要長時間、大量蒸氣時，這種時候會在烤箱底部放入烤盤，注入200ml的大量水分。另一種是高溫蒸氣，短時間、必要時，會在烤箱底部放置的烤盤中注入50ml的少量水分。

這兩種的蒸氣量，會因使用目的而異。低溫蒸氣的目的為防止乾燥，因此適用於餐包、糕點麵包、吐司等。

另一方面，高蒸溫氣是為使放入烤箱內的冰涼麵團表面產生凝結狀態，使其急遽糊化、α化，以製作出表面具有光澤、香脆的外層表皮（麵包的表皮）。法國麵包、鄉村麵包就屬於這類。

5 消除烘烤不均

家用烤箱，無論是瓦斯或是用電，都會有前後左右位置不同，受熱有差別的情況，這也會使麵包容易有烘烤不均的情形。雖然有點麻煩，但請大家在烘烤過程中確認烘烤色澤，必要時請前後左右地替換位置進行烘烤。

烘烤色澤沒有烘烤至某個程度無法判斷，而且改變烤盤的方向，也需要有之後的修正時間，這個只能多進行幾次，用感覺累積經驗了。

另外，法國麵包等直接烘烤的麵包，不止是烘烤色澤，還有敲叩麵包底部，確認烘乾的聲音。已經呈現烘烤色澤，但仍是濕潤的聲音時，表示還有某個程度的重量，請用濕軟的素材（草漿紙（Straw paper）、影印紙等）覆蓋在麵團表面，再烘烤一下。過輕的紙張，有可能會因烤箱內的循環空氣而被吹走。

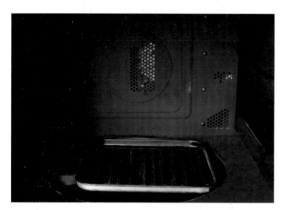

家用烤箱左右有出風口,背面中央是空氣吸入口,請先確認自己家裡的烤箱狀況。

6 儘量不要衝擊烘烤中的麵團

雖然為了消除烘烤不均,會在烘烤過程中前後左右替換烤盤的位置,但也有完全相反的意見,認為像吐司般大型麵包,烘烤時間較長的麵團,在烘烤過程中若使麵團受到衝擊,會在正中央形成圈狀的紋路。(烘烤時間較長的麵團,澱粉會由側面開始慢慢的 α 化。完成烘烤前一旦衝擊到麵團,α 化的澱粉和 β 狀態的澱粉界線會產生歪斜,形成圓形圈狀的紋路。這就稱為白色輪狀 Water Ring。)為了呈現如麵包店般的品質,避免這種情況發生,請仔細小心地進行吧。

7 撞擊烘烤完成的麵包

烤箱(烤窯)中麵團整體烘烤出美味的烘烤顏色後,取出並在距工作檯10～20cm高的位置,連同烤盤一起撞擊至工作檯上。藉由這個動作,使麵包的氣泡大量殘留,並避免烘烤收縮,以保持良好的口感狀態。

話雖如此,剛取出烤箱麵包柔軟內側的氣泡,是由二氧化碳等高溫氣體使其膨脹,如果直接放置於室溫待其冷卻,因氣體的收縮,會使得蛋白質或澱粉薄膜收縮。在此階段給予麵包的衝擊,能使氣泡膜產生龜裂,使高溫的氣體與外部冷空氣瞬間置換,防止收縮。

這個方法,是1974年日清製粉的技術群所發現的,雖然申請了專利,但卻是免費公開的資訊。

8 燒減率,是口感良好與否的確認

所謂的燒減率,表示在烤箱內烘烤時,麵團揮發了多少水分的數字。由烘烤前的麵團重量減去完成的麵包重量,以烘烤前的麵團重量相除,所得到的數據乘以100,就是完成烘焙的比例,也就是減少的水分量。

水分恰到好處地揮發時。口感變好,也可以延緩老化現象。家用烤箱或許相當困難也說不定,大約是法國麵包22%、吐司10%、英式麵包13%、德國麵包13%是最理想的比例。請嘗試看看確認美味的口感。順道一提,蒸出的麵包,燒減率是0%。

9 冷卻

剛烘烤出爐的麵包,看起來就很好吃,實際上確實有些很美味,但也並非所有的麵包都適合此時享用。

一般而言,稍稍放涼後,才是最美味的時間點。特別是吐司般需要切片的麵包,要在中間溫度降至38℃以下,才能漂亮地切成片狀,呈現出美味的視覺。

烘烤完成的麵包,無論是哪一種,水分和美味成分都會隨著時間的推進而消失。蒸氣會形成水滴狀,仍溫熱的狀態不宜進行,但軟質類的麵包,請儘可能及早包裝為宜。

STEP 4

5種應用麵包

在此章節中，介紹以STEP 1 麵包為基礎的進階篇。STEP 1 所發現的疑問，若在STEP 2、3解決、理解了，那麼就請進入STEP4。在此，麵粉的使用方法、攪拌時的原料加入方法等，都是以手揉和工序為前提，即使力道不足，麵團中的麵筋組織力量極為薄弱，只要下了工夫，也一樣可以成為光滑的麵團。

如果能夠進入這個階段，接下來只要多練習，幾乎就可以烘烤出與麵包店相同的麵包了。請加油。

玉米麵包

CORN BUNS

以思考模式來看，就是STEP 1的餐包麵團中揉和了玉米烘烤完成的感覺。重點在於「麵團的水分（約為40%左右），儘可能與揉和的玉米水分相近」。罐裝玉米的水分較多，所以需要讓水分揮發後再使用，或是考慮到添加了玉米會成為柔軟的麵團，所以最初就以略硬的麵團開始進行。

圓形

鹹餡玉米麵包

工 序	
■ 攪拌	用手揉和（40次↓IDY10次 AL20分鐘150次↓鹽·奶油150次↓玉米100次）
■ 麵團溫度	28～29℃
■ 發酵時間（27℃、75%）	60分鐘 按壓排氣 30分鐘
■ 分割·滾圓	70g
■ 中間發酵	20分鐘
■ 整型	圓形、包覆其他喜好的食材
■ 最後發酵（32℃、80%）	40～50分鐘
■ 烘烤完成（210℃→200℃）	9～12分鐘

IDY：即溶乾燥酵母　AL：自我分解

Chef's comment　材 料 的 選 擇 方 法

請從超市架上排放的麵粉當中選取麵包用粉（高筋麵粉）和製麵用粉（中筋麵粉）。不拘廠牌、國產或進口。搭配20%中筋麵粉的配比，是為了減輕以手揉和的勞力負擔。（詳細請參照P.68）

本來想使用具耐糖性的即溶乾燥酵母（金），但在尚未習慣前又增加使用的材料種類，感覺不太妥當，所以在此仍使用即溶乾燥酵母（紅）。

請使用一般廚房中常用的鹽。為與砂糖用量取得平衡，略多一點也可以，為了烘托強調玉米的風味及香氣，所以設定了這個用量。

這個同樣也使用一般料理的即可。用量略少，因為甜玉米也會釋出甜味，所以這個量已足夠。

請使用廚房中既有的即可。配比用量少是為了呈現出表層外皮的酥脆風味。

目的在於呈現體積的膨脹，以及美味的烘烤色澤。

目的在於風味和漂亮的烘烤呈色。但必須調整水分用量，或用其他的乳製品也沒關係。

藉由使用此湯汁，讓香氣更強、更像玉米麵包，強化玉米的香氣。

用一般的自來水即可，但製作比餐包略硬的麵團為考量。因為後半添加了甜玉米之後，會產生水分，預見後續的工序，以略硬的麵團開始製作。

在此使用的是罐裝玉米，表列中記述的是「瀝乾水分、加熱揮發多餘水分後」的重量。在平底鍋中用鹽拌炒至略帶焦色，更能添加美味。無論如何，不能僅僅瀝乾水分後就使用。（請參照P.101）

70g麵團7個的份量

材　料	粉類250g時 (g)	粉類500g時 (g)	烘焙比例% (%)
麵粉（麵包用粉）	200	400	80
麵粉（製麵用粉）	50	100	20
即溶乾燥酵母（紅）	7.5	15	3
鹽	3.75	7.5	1.5
砂糖	25	50	10
奶油	12.5	25	5
雞蛋	37.5	75	15
牛奶	37.5	75	15
玉米罐內的湯汁	37.5	75	15
水	42.5	85	17
甜玉米（拌炒）	87.5	175	35
合計	448.75	1072.5	214.5

其他材料

■ 刷塗蛋液（雞蛋：水＝2：1，加入少許鹽而成）　適量
■ 內餡用玉米（預先處理的玉米100加入30的美乃滋混拌而成）　適量

攪拌

1

將2種粉類和砂糖放入袋內,使其飽含空氣地充分搖晃。以手按壓塑膠袋底部邊角,使袋子成為立體狀充分混拌。

2

在袋內加入充分攪散的雞蛋、牛奶和玉米罐的湯汁、水 (也可以先全部混合後再倒入)。

3

再次使塑膠袋飽含空氣成立體狀,使麵團撞擊塑膠袋內側般地確實強力搖晃振動。

4

當袋內材料成為某個程度的塊狀時,直接在塑膠袋上方確實搓揉。

5

麵團取出放至工作檯上,約揉和40次加入即溶乾燥酵母,再揉和約10次。

6

自我分解→
詳細請參照P.83。 乾燥注意! 適溫キープ!

進行20分鐘的自我分解。麵團滾圓、閉合處朝下放置於刷塗了奶油的缽盆中,避免乾燥地包覆保鮮膜。

7

推開麵團,加入即溶乾燥酵母均勻地進行「延展」、「折疊」工序,約揉和150次使其混拌。

8

推開麵團加入鹽和奶油。重覆150次「延伸展開」、「折疊」的動作,使麵團結合。麵團切成小塊,重疊後進行更有效率。

9

形成麵筋。

【Chef's comment】 　關 於 攪 拌

● **攪拌**

　　幾乎與餐包相同。只是製作成麵粉力度（蛋白質含量）較弱的配比，所以水分用量也會減少，以略硬的麵團來開始製作。

　　在塑膠袋內放入2種麵粉、砂糖用力振動搖晃材料，接著放入攪散的雞蛋、牛奶、玉米罐的湯汁、水，同樣在袋中用力振動搖晃。待粉類消失後，從塑膠袋表面進行麵團的揉和，使麵團整合為塊狀，再將塑膠袋外翻取出麵團放在工作檯上，揉和麵團約40次。此時加入即溶乾燥酵母，再揉和約10次。這個時間點的目的並不是為使其發酵，而是要使即溶乾燥酵母在麵團中不均勻地分散，目的在於使即溶乾燥酵母在水分中恢復。

　　略微整合麵團後，放置自我分解（20分鐘）。

　　20分鐘後，由缽盆取出，使其確實成塊地在麵團上施力。麵筋組織成長至某個程度時，麵團塊狀表面呈現光滑狀態，再切分成5～6個小塊，將其中一塊麵團放在桌上薄薄延展之後，取另一塊放在前一塊麵團上推壓延展。重覆這個工序至所有的小塊麵團全部疊合，再次整合成團持續動作，也就是邊緣可看出5～6個一層層地重疊。覺得太累時，可以將麵團放回缽盆中揉和也沒關係。

　　更好的方法是，覺得太累時，可以攪拌（揉和麵團）5分鐘後，靜置。讓麵團靜置時，麵筋自然成長連結，所以製作麵團的過程中，有幾次靜置時間也會比較輕鬆，同時也能製作出更滑順、麵筋組織良好的麵團。

　　如果家裡廚櫃內躺著沒使用的家庭麵包機，也可以在攪拌時請出來幫忙。

　　麵團完成時，加入甜玉米。在略硬的麵團中混拌，所以是相當辛苦的工序。不要焦急、有耐心地努力吧。沒有沾黏、甜玉米也都被麵團包覆時，就是麵團完成的時候了。

提高效率的重點
麵團分切成小塊，各別薄薄地延展後重疊放置，可以更有效率地進行攪拌工序。

工作檯的溫度調整
在大的塑膠袋內裝入約1ℓ的熱水（夏天時是冰水），擠出空氣後，使其不會外漏地栓緊，放置在工作檯不使用處，不時地與使用處交替放置，邊溫熱（冷卻）工作檯邊進行攪拌工序，比調整室溫更具效果。工作檯如照片般使用石製品會有較佳的蓄熱性，請務必一試。

麵團溫度

10

將麵團切成小塊延展,之後重疊放置地重覆進行,加入前置處理好的甜玉米。

11

重覆100次「延伸展開」、「折疊」的動作,揉和麵團。

12

混拌至玉米不會出現在麵團表面,彷彿有薄膜覆蓋般的程度。

麵團發酵(一次發酵)

  注意避免乾燥! 保持適溫!

13

使麵團整合為一,放至薄薄刷塗了奶油的缽盆中。覆蓋保鮮膜,於27℃的地方,避免乾燥地靜置60分鐘,進行發酵。

14

待經過60分鐘後,進行手指按壓測試,以中指插入的孔洞不會立刻恢復時,輕輕拍打以排出氣體。

  注意避免乾燥! 保持適溫!

15

整合麵團,放回13的缽盆中。覆蓋保鮮膜,再次放置發酵30分鐘。

分割・滾圓

16

切分成70g×7個。

17

輕輕滾圓。

中間發酵

   注意避免乾燥! 保持適溫!

18

放置中間發酵。

Chef's comment 關 於 揉 和 完 成 至 中 間 發 酵

● 麵團溫度

請將麵團揉和完成的目標溫度設定為略高的28〜29℃。意外地最重要的是玉米的溫度，冬季要溫熱、夏季要冰涼備用，就能調整最後麵團的溫度了

● 麵團發酵（一次發酵）與按壓排氣

最適合的發酵場所以27℃、75%為目標。在浴室、暖氣桌、或房間內，請儘可能地在接近目標溫度的環境之下，將缽盆覆蓋保鮮膜，靜置60分鐘。

按壓排氣後，輕輕地重新整合麵團，再次覆蓋保鮮膜，在同樣的環境下再次靜置30分鐘。

● 分割·滾圓

以70g為單位地分切。因為要包覆固態玉米，因此分切得略大（重），之後滾圓。

● 中間發酵

避免麵團乾燥地放置在與麵團發酵同一地點20分鐘。利用這個時間使變硬的麵團可以再次變軟、成為容易整型的狀態。

使用當季的玉米

夏季，正值美味玉米的產期，請使用新鮮的玉米。一般新鮮的玉米會以鹽水燙煮，麵包店內有隨時保持高溫的烤窯，所以在玉米外留下1〜2片外皮，放入烤箱烘烤。在家若有微波爐，則帶著1〜2片外皮，單面微波2分30秒，合計5分鐘地進行加熱（需視狀況進行調整）。

手指按壓測試

以蘸了粉類的中指，從麵團正中央深深地插入。即使手指拔出後，按壓在麵團的孔洞仍保持殘留狀態時，就是按壓排氣的最佳時機。

**會膨脹的只有麵團
PART 1**

本次的預備用量，全量449g當中，有88g（烘焙比例來說是35/214.5=0.16），也就是麵團的16%是固態物質玉米。當然，玉米並不會膨脹、體積也不會變大。也就是說，會膨脹的只有其餘84%的麵團。因此以70g的分切量來計算，會膨脹的只有58.8g的麵團。葡萄乾麵包基於相同的考量，也是大分量的分切。

整 型

19

20

21

其中4個整型成圓形,其他3個則用麵棍擀壓成圓片。

將擀壓成圓片的麵團放在電子秤上,中間放置40g的玉米內餡。

捏合麵團邊緣,使其閉合。

最後發酵(發酵箱)·烘烤完成前的工序

注意避免乾燥!保持適溫!

22

在溫暖、不乾燥的環境下進行50～60分鐘的最後發酵。照片中是在保麗龍箱中放入少量的熱水,在樹脂板上鋪放烤盤紙,擺放麵團。(這段時間同時預熱烤箱、放入底部蒸氣用烤盤,溫度設定210℃)

23

放入烤箱之前,在表面刷塗蛋液,圓形表面劃入一道割紋。填裝內餡的麵團表面以剪刀剪成十字開口,在開口處適量地擠些美乃滋。在底部蒸氣用烤盤內注入200ml的水分(要小心急遽產生的蒸氣)。

烘烤完成

24

25

26

接著立刻將排放麵團的烤盤放入。(若烤箱有分上下段時,請放入下段。一次烘烤一片烤盤)。關閉烤箱門並將設定溫度調降至200℃。

烘烤時間約9～12分鐘。若擔心烘烤不均勻,可以替換烤盤的前後位置。

待全體呈現烘烤色澤,即完成。取出在距工作檯10～20cm高的位置,連同烤盤一起撞擊至工作檯上。
★放入第二片烤盤前,再次將烤箱設定溫度調高至210℃,重覆23～26的工序。

Chef's comment 關於整型至烘烤完成

● 整型

整型成圓形。必須注意的是不需要強力地滾圓，因為太用力滾圓會使玉米露出來，請在這裡學習以適度的力道進行工序。

如果想要製作出各種不同變化的成品，都是在這個階段包裹進去。玉米內餡、馬鈴薯沙拉、炒豆渣，冰箱的拿手菜、任何配菜都可以。烘焙出來的就是美味的鹹味麵包。

● 最後發酵（發酵箱）／烘烤前的工序

以32℃、80%為目標，進行最後發酵。麵團表面不乾燥，即使溫度低也沒關係。連同放置麵團的板子一起放入有蓋的大型保麗龍箱，加入溫熱水，做出架台（請參照左側照片），發酵至麵團膨脹2～2.5倍。

或是避免觸及麵團，鬆鬆地覆上保鮮膜，放置於室溫中。

而完成最後發酵的麵團，使表面略微乾爽後刷塗蛋液，沒有刷塗時，則在麵團放入烤箱時使其產生蒸氣，請務必擇一為之。請以刀子或剪刀在表面劃入切口，除了可以帶來外觀的變化，同時也能讓體積更加膨大。包入配菜的麵團上，以剪刀剪出十字紋，擠上美乃滋，更添美味。

● 烘烤完成

以200℃，9～12分鐘完成烘烤。此階段無論是烘烤過度或不足，都會功虧一簣。因為前面已經辛苦的製作，所以這個時間就不要離開烤箱（烤窯）了。因麵團受熱不易，所以烘烤時間比餐包略長，可能會有烘烤不均的狀況發生，此時請將烤盤前後左右替換地調整。待烘烤出均勻色澤後，從烤箱取出。請連同烤盤一起取出，並由距離工作檯約10～20cm的高度向下撞擊，如此即可避免麵包的烘烤收縮。

請注意，包入了配菜的麵包，一旦撞擊過強時，會導致配菜下方的麵包破損，所以適度即可。

Bread making tips
〈麵包製作的要訣〉

應用篇

留下麵團，待日後烘烤的方法

想要一次預備大量的麵團時，請以粉類500g的配比來製作麵團。與工序1～5相同。

1 計算上麵團完成時約是1070g，所以取下70g×7＝490g的用量後，還剩580g。將麵團放入塑膠袋內，壓延展成薄1～2cm的程度，放入冷藏室保存。這樣也是冷藏熟成。

2 翌日或第三天，由冷藏室取出麵團（麵團溫度：約5℃），靜置於溫暖處1小時左右。（也會因室溫而不同，約上升至20℃左右）。

3 確認麵團溫度達17℃以上，接著進行從16開始的工序。若想要放置三天以上時，請冷凍保存。此時也請確認在一週之內完成烘烤。想要烘烤的前一天，先將冷凍室的麵團移至冷藏室，再從「上述步驟2」開始進行工序。

葡萄乾麵包

RAISIN BREAD & ROLLS

圓形麵包

奶油卷

熱狗麵包

枕型麵包
（one loaf）

這款麵包也一樣，以思考模式來看，就是STEP 1的餐包麵團中添加了葡萄乾製成。與水分多的玉米相反，葡萄乾的水分比麵團少了相當多，因此前置處理工序就是先使葡萄乾接近麵團的含水量後，再開始使用。這個前置處理若是怠惰，麵團在發酵過程中，或烘烤完成的麵包中，葡萄乾會奪取周圍的水分，成為乾巴巴的麵包。

工　序

■ 攪拌	用手揉和（40次↓IDY10次 AL20分鐘 150次↓鹽・奶油150次↓葡萄乾100次）
■ 麵團溫度	27～28℃
■ 發酵時間（27℃、75%）	60分鐘　按壓排氣　30分鐘
■ 分割・滾圓	枕型麵包220g（模型比容積3.2、 模型容積700ml） 熱狗麵包形 80g、奶油卷 50g
■ 中間發酵	25分鐘
■ 整型	海參形、奶油卷、熱狗形
■ 最後發酵（32℃、80%）	50～60分鐘
■ 烘烤完成（210℃→200℃）	9分鐘（熱狗形、奶油卷）、 17分鐘（枕型麵包）

IDY：即溶乾燥酵母　AL：自我分解

Chef's comment　材料的選擇方法

50g的麵團12個的份量

材　料	粉類250g時 (g)	粉類500g時 (g)	烘焙比例% (%)
麵粉（麵包用粉）	225	450	90
麵粉（製麵用粉）	25	50	10
即溶乾燥酵母（紅）	5	10	2
鹽	5	10	2
砂糖	25	50	10
奶油	20	40	8
牛奶	75	150	30
水	100	200	40
浸漬葡萄乾	125	250	50
合計	605	1210	242

與玉米麵包相同，使用麵包用粉（高筋麵粉）加1成的製麵用粉（中筋麵粉）。為能支撐葡萄乾的重量，所以蛋白質的含量必須比玉米麵包多一些。

使用與吐司相同的產品。如果有麵包酵母（新鮮）也可以使用，但必須視情況改變用量。詳細請參照P.71。

只要是鹽，都可以使用。

只要是砂糖，什麼種類都沒關係，較吐司用量多一點，比較能烘烤出柔軟的麵包。

使用適量的油脂，可以讓麵包柔軟且體積變大。有健康考量使用橄欖油也沒有關係，但麵包的體積就會變得小一點。

平常家中飲用的牛奶也沒有關係。可以提升風味、穩定發酵等，有助於完美烘烤麵包，但若有過敏顧慮者，改用豆漿或水來製作。

自來水也沒有關係。

葡萄乾用50℃的溫水浸泡10分鐘，之後瀝乾水分，加入葡萄乾用量10%的蘭姆酒。浸泡的洋酒，除了蘭姆酒之外，也可以使用自己喜好的酒類。

其他材料

 刷塗蛋液（雞蛋：水＝2：1，加入少許鹽而成）

 白芝麻

 細砂糖　　　　　　　　　　　　各適量

攪拌

1

將2種粉類和砂糖放入袋內,使其飽含空氣地充分搖晃。以手按壓塑膠袋底部邊角,使袋子成為立體狀充分混拌。

2

加入牛奶和水。

3

再次使塑膠袋飽含空氣成立體狀,使麵團撞擊塑膠袋內側般地確實強力搖晃振動。

4

當形成某個程度的塊狀時,直接在塑膠袋上方確實搓揉。

5

麵團取出放至工作檯上,約揉和40次,加入即溶乾燥酵母,再揉和約10次。

自我分解→
詳細請參照P.83。 注意避免乾燥! 保持適溫!

6

進行20分鐘的自我分解。麵團滾圓、閉合處朝下放置在薄薄刷塗了奶油的缽盆中,避免乾燥地包覆保鮮膜。

7

在工作檯上推開麵團,使即溶乾燥酵母均勻地將「延展」、「折疊」視為一組,進行150次的揉和。

8

推開麵團加入鹽和奶油。

9

重覆150次「延伸展開」、「折疊」的動作,使麵團結合。麵團切成小塊延展,重疊後進行更有效率。

Chef's comment 關於攪拌

● 攪拌

基本上與吐司相同。利用確實地攪拌使麵筋組織強力連結，藉由薄薄地延展使得麵包柔軟並且體積膨大。

攪拌的程度，則是由確認麵筋組織來判斷，在比吐司的薄膜略厚的狀態下加入葡萄乾。麵筋組織的薄膜太薄時，雖然體積膨大但麵團卻無法支持葡萄乾的重量，會造成麵包攔腰凹陷（caving）。

此時，與甜玉米一樣混拌入麵團的材料，溫度很重要，在這裡指的就是葡萄乾的溫度。剛由冷藏室取出，或在夏季直接使用放置在室溫下的葡萄乾，這些可都不算是溫度管理。浸泡的葡萄乾，應該在夏季時冰涼，冬季時溫熱，才是考量到麵團溫度的調整。

工作檯的溫度調整

在大的塑膠袋內裝入約1ℓ的熱水（夏天時是冰水），擠出空氣，使其不會外漏地栓緊後，放置在工作檯不使用處，不時地與使用處交替放置。邊溫熱（冷卻）工作檯邊進行攪拌工序，比調整室溫更具效果。

 COFFEE TIME

浸漬葡萄乾的處理

為製作出美味的葡萄乾麵包，葡萄乾的前置處理非常重要。葡萄乾的水分是14.5%，另一方面，一般麵團的水分，大約是40%左右。單純地將葡萄乾直接放入麵團揉和時，因滲透壓的搞蛋，麵團的水分會被葡萄乾吸收，造成麵團的乾硬，烘烤完成時的麵包更會成為乾巴巴、提早老化的麵包。

在此介紹給大家，是我自己店內的製作方法。葡萄乾用50℃的溫水浸泡10分鐘，使葡萄乾的水分提高10%，再添加10%的蘭姆酒，如此葡萄乾的水分再提升10%，可達到34.5%，以此放置二週。若達到40%以上，攪拌時葡萄乾就會因而破損。將水分控制在這個程度，比較能夠製作出良好的麵包。並且，可以花些工夫在葡萄乾浸漬用的洋酒上，就能開發出屬於自己風味的葡萄乾麵包。在我自己的店內，使用的是櫻桃利口酒、燒酒等，浸泡紅茶、葡萄酒也會變得十分美味。

確認麵筋狀態

麵筋組織薄膜比吐司略厚，再添加葡萄乾。

10

將麵團和前置處理過的葡萄乾分成幾分，推開麵團層疊上葡萄乾。

11

重覆100次「延伸展開」、「折疊」的動作。

麵團溫度

12

葡萄乾不會透出麵團表層，彷彿被薄膜覆蓋住的程度即可。量測揉和完成的麵團溫度（期待值是27～28℃）。

發酵（一次發酵）

  注意避免乾燥！保持適溫！

13

整合麵團，放入薄薄刷塗了奶油的缽盆中，放置於接近27℃的環境，約60分鐘使其發酵。必須注意避免乾燥。

14

待60分鐘後，麵團膨脹至適度大小時，以手指按壓測試，中指插入後仍留下孔洞時，就進入按壓排氣工序。

注意避免乾燥！保持適溫！

15

輕輕地整合麵團後，放入13的缽盆中，覆蓋保鮮膜再次放置發酵30分鐘。

分割・滾圓

16

將麵團切分成枕型麵包用220g、熱狗形80g、奶油卷50g。

17

輕輕滾圓。

中間發酵

注意避免乾燥！保持適溫！

18

放置中間發酵20分鐘。奶油卷整型時，中途10分鐘後要將形狀整型成圓錐形（蕗蕎形）。（→P.19）

Chef's comment　關 於 揉 和 完 成 至 中 間 發 酵

手指按壓測試

以蘸了粉類的中指，從麵團
正中央深深地插入。之後按
壓在麵團的孔洞仍保持殘留
狀態，就是按壓排氣的最佳
時機。

Bread making tips
〈麵包製作的要訣〉

● **麵團溫度**

揉和完成的溫度設定在27〜28℃。因此夏天要用冰水、冬天要用溫
水，使麵團能接近目標溫度地完成揉和。

此外，也請注意室溫以及時間（攪拌的時間）。只是相較於室溫，調整
工作檯溫度更能有效地影響麵團溫度，此時請邊以水袋溫熱（冰涼）工作
檯，邊進行揉和工序。

● **麵團發酵（一次發酵）與按壓排氣**

發酵場所是以27℃、75%為目標。若發酵室溫度較高時，發酵的進行
也會更快，發酵時間就必須縮短。反之，溫度越低發酵時間也越長。

順道一提，麵團的溫度與目標偏離時，每偏離1℃，則全部的發酵時
間（一次發酵＋中間發酵＋最後發酵）就必須調整20分鐘。

放置60分鐘後，以手指按壓測試，請視麵團發酵狀態地進行壓平排
氣。輕輕地重新滾圓，再次覆蓋保鮮膜，以相同環境再次靜置30分鐘。

● **分割・滾圓**

葡萄乾麵包也使用長條模（one loaf）。長條模的模型比容積是3.8，
但因加入了不會發酵、膨脹的葡萄乾，所以當然模型比容積小，則分切
的麵團重量也會比較重。會因葡萄乾的添加量而改變，請多加注意。

分切的麵團滾圓，沒有人一開始就做得好，所以此時可以稍微用力一
點。無論如何，葡萄乾麵團中浸漬的洋酒或其他浸漬液體會溶出葡萄乾
的糖分，讓麵團鬆弛。請確實滾圓，讓麵團更有力道。

● **中間發酵**

以25分鐘為目標。若在25分鐘之前，麵團中間的硬塊已經消失就可以
開始整型，請進入整型工序。此時即可看出麵包完成的感覺，若覺得麵
包未熟成，可以在接下來的中間發酵過程中，再次重新滾圓也是一個方
法。經過2次滾圓，中間發酵時間也必須倍增（使麵包加倍延展），麵團
的發酵時間拉長，就能做出具彈力的麵包了。

● **會膨脹的只有麵團
PART 2**

此次使用的長條模（one
loaf）模是700ml，所以
用比容積3.2來計算就是
218.8，為方便計量以220g
來看，就是長條模填裝麵團
的用量。

試著以烘焙比例來看，就是
50（葡萄乾添加量）÷242
（全體麵團量）×100＝
20.7，也就是葡萄乾麵團有
20%是葡萄乾。

葡萄乾和玉米相同，在發酵
時是不會膨脹的，會膨脹的
只有其中80%的麵團。在
此，僅以麵團來計算比容積
時，就是700÷176（分切
麵團220g中的麵團分量）＝
3.98，幾乎就是此模型烘
烤麵包最理想的麵團用量了
（請參照P.31）。

整型

19

圓形

圓形就是直接滾圓。

20

奶油卷

將圓錐形（蕗蕎形）的麵團擀壓延展成等邊三角形，由底邊開始輕輕捲起。
用含水的廚房紙巾濕濕表面，沾裹上白芝麻。

21

熱狗形

熱狗形是將麵團輕拍延展成橢圓形，由上下向中間進行三折疊，再從左右兩邊向中間折入。再由外側向內對折，
捲起部分按壓使其閉合。以含水的廚房紙巾濕濕表面，沾裹上白芝麻。

22

枕頭形（長條模）

枕頭形與熱狗形是相同
的整型法。以含水的廚
房紙巾濕濕表面，沾裹
上白芝麻，放入刷塗了
奶油的模型中。

Chef's comment **關於整型**

Bread making tips
〈麵包製作的要訣〉

整型

這個階段的滾圓，請仔細地滾成圓形。或是使用擀麵棍薄薄地延展麵團，再如捲壽司般地捲起，成為長棒狀也沒關係。

枕頭形（長條模one loaf）則是整合成海參形，請將接口閉合處朝下地填裝至模型中。

COFFEE TIME

「未熟成」、「過熟」，是什麼意思?

麵包店的對話中常會有「未熟成」、「過了」、「過熟」、「有彈力」的單字。所謂的「未熟成」是指發酵不足，「過了」、「過熟」是指發酵過多，「有彈性」是指麵團彈力的意思。

應用篇

留下麵團，待日後烘烤的方法

一次預備大量的麵團，要分成二次烘烤時，請以粉類500g的配比來製作麵團。與工序1～15相同，但麵團揉和次數必須多2～3成。以下的內容是關於後續烘烤麵團的細節。

1. 以麵團完成時約是1210g來計算，將剩餘麵團放入塑膠袋內，擀壓延展成薄1～2cm的程度，放入冷藏室保存。這樣也是冷藏熟成。
2. 翌日或第三天，由冷藏室取出麵團（麵團溫度：約5°C），靜置於溫暖處1小時左右。（也會因室溫而不同，約上升至20°C左右）。
3. 確認麵團溫度達17°C以上後，接著進行從16開始的工序。
4. 若想要放置三天以上時，請冷凍保存。此時也請確認在一週之內完成烘烤。想要烘烤的前一天，先將冷凍室的麵團移至冷藏室，再從「上述步驟2」開始進行工序。

最後發酵（發酵箱）‧烘烤完成前的工序

注意避免乾燥！保持適溫！

23

枕頭形（長條模one loaf）用麵團放入模型內，其餘放在烤盤上，進行50～60分鐘的最後發酵。麵團希望膨脹至超過模型邊緣1.5～2cm的程度。（這段時間同時預熱烤箱、放入底部蒸氣用烤盤，溫度設定210℃）

24

最後發酵後，在未沾裹芝麻的麵團上刷塗蛋液。

25

熱狗形麵團上劃切割紋，並在切口處撒上細砂糖。在麵團放入前，在底部蒸氣用烤盤內注入200ml的水分（要小心急遽產生的蒸氣）。

烘烤完成

26

接著立刻將排放麵團的烤盤放入，此時在沾裹芝麻的麵團上噴灑水霧，關閉烤箱門並將設定溫度調降至200℃。

27

小型麵包的烘烤時間約8～9分鐘。若有烘烤不均勻的狀況，待烤出烘烤色澤時，將烤盤的位置前後替換。

28

待全體呈現美味的烘烤色澤時，就完成了。取出後，在距工作檯10～20cm高的位置，連同烤盤一起撞擊至工作檯上。

放入第二片烤盤時

再次將烤箱設定溫度調高至210℃，從放入25的水分開始，重覆26～28的工序。

 **Chef's comment** 關 於 最 後 發 酵 至 烘 烤 完 成

● 後發酵（發酵箱）／烘烤前的工序

以32℃、80%為目標，在高溫下進行最後發酵。溫度低只是時間必須較長，但也不會有問題，可是絕對必須避免麵團表面乾燥。

最後發酵時間的長短，與烤箱內延展的大小成反比。最後發酵時間比較長的麵團，放入烤箱後也無法延展得更大。反之，最後發酵時間短的麵團，放入烤箱後還會大大地延展。

● 烘烤完成

會依麵包模型的大小、麵團用量而不同，枕頭形（長條模one loaf）麵包是以200℃，17分鐘為標準。

想要烘烤出表層外皮（麵包的表皮）薄，且具光澤的葡萄乾麵包時，在裝有葡萄乾麵團的模型放入烤箱前，要先在烤箱底部預熱的烤盤中注入200ml的水。因急遽產生的強力蒸氣，所以當擺放葡萄乾麵團的烤盤或模型放入後，必須迅速地關閉烤箱門（請注意避免燙傷）。這些動作會使烤箱溫度急遽降低，所以最初要將烤箱溫度設定在略高的210℃，一連串工序結束，關閉烤箱門門之後，再將溫度降至200℃烘烤至最後。

因烤箱不同，烤箱內的前後左右可能會有烘烤不均的狀況，此時請將烤盤或麵包模型前後左右位置調換。

烘烤時間完成，待全體烘烤出美味的烘烤色澤時，請連同烤盤一起取出，此時給予麵包衝擊可以防止烘烤收縮。也就是從烤箱取出烤盤或麵包模型後，立即由距離工作檯約10～20cm的高度向下撞擊。之後儘可能迅速地由模型中取出麵包，放置簾架上冷卻。此時放置在平坦處非常重要，放置在彎曲的架台或簾架上冷卻待，有可能就是攔腰凹陷彎折（caving）的原因。

ITEM. *08*

布里歐

BRIOCHE

僧侶布里歐
（brioche à tête）

拿鐵魯布里歐
（Brioches de nanterre）

比糕點麵包更RICH（奶油、雞蛋等副材料較多）的配比。此時，副材料的存在，會成為麵筋組織結合的阻礙，所以在放入奶油前，麵筋組織形成的程度就是製作的重點了。而且蛋黃中所含的卵磷脂（lecithin）具有乳化劑的作用，有助於麵包與奶油的融合，所以奶油多的麵團，雞蛋用量也會比較多的道理也與此有關。

工 序	
■ 攪拌	用手揉和（40次↓ IDY10次 AL20分鐘 150次↓奶油150次↓鹽・奶油150次）
■ 麵團溫度	24～25℃
■ 發酵時間（27℃、75%）	60分鐘
■ 冷藏（4℃）	一晚
■ 分割・滾圓	40g、32g、8g
■ 中間發酵	30分鐘
■ 整型	僧侶布里歐、拿鐵魯布里歐
■ 最後發酵（32℃、80%）	60分鐘
■ 烘烤完成（210℃→200℃）	8～10分鐘僧侶布里歐、14～16分鐘拿鐵魯布里歐

IDY：即溶乾燥酵母　AL：自我分解

Chef's comment 材 料 的 選 擇 方 法

使用麵包用粉（高筋麵粉）。一開始就添加了很多作為副材料的奶油，所以麵筋組織會變弱。因為這個原因，必須使用蛋白質含量高的麵粉。

此類麵團，因副材料較多所以採用冷藏發酵，使用較多的即溶乾燥酵母（紅）。如果可以取得，也可以用具優異耐糖性的即溶乾燥酵母（金）也沒關係。大部分耐糖性佳的麵包酵母，同時具有優異的耐凍性。

一般使用的鹽也沒關係。因副材料多，所以麵團總量也多，使用較多的2%。

用普通的砂糖也沒關係。因其他副材料多，所以相對地砂糖使用較少的10%。

目標是製作出最高等級，美味的布里歐，所以在此請使用奶油。

能優化麵包的體積、烘烤色澤。再加上卵磷脂（lecithin）的乳化作用，可以抑制奶油的分離。依據配比，也可以不使用水，僅以雞蛋來製作，但是雞蛋的蛋白較多，蛋白中的卵白蛋白（ovalbumin）會使口感乾燥，我個人比較喜歡雞蛋和牛奶各半的配比。

除了一般的牛奶之外，豆漿或水都沒有關係。我個人是不使用水，而使用雞蛋和牛奶各半的配比。

與之前的麵包一樣，用一般的自來水即可。巧妙地使用水分，可以烘烤出具潤澤口感的麵包。

40g麵團12個的份量

材　料	粉類250g時（g）	烘焙比例%（%）
麵粉（麵包用粉）	250	100
即溶乾燥酵母（紅）	7.5	3
鹽	5	2
砂糖	25	10
奶油	100	40
雞蛋	75	30
牛奶	75	30
水	17.57	7
合計	555	222

其他材料

▨ 刷塗蛋液（全蛋充分攪散）　　　適量
　（※RICH類的配比的麵團，所刷塗的蛋液不需用水稀釋）

攪拌

1

將粉類和砂糖放入塑膠袋內,使袋內飽含空氣地充分搖晃。以手按壓塑膠袋底部邊角,使袋子成為立體狀更易於混拌。

2

在袋內加入充分攪散的雞蛋、牛奶和水分。

3

再次使塑膠袋飽含空氣成立體狀,使麵團撞擊塑膠袋內側般地確實強力搖晃振動。

4

當袋內材料成為某個程度的塊狀時,直接在塑膠袋上方確實搓揉。

5

麵團取出放至工作檯上,約揉和40次,加入即溶乾燥酵母,再揉和約10次。

自我分解→
詳細請參照P.83。

注意避免乾燥! 保持適溫!

6

自我分解前 自我分解20分鐘後

靜置20分鐘自我分解。閉合處朝下,放置在薄薄刷塗了奶油的缽盆中,包覆保鮮膜(照片是自我分解前後,麵筋組織的不同)。

7

經過20分鐘之後,加入即溶乾燥酵母使其均勻。進行150次的「延伸展開」與「折疊」的工序。

8

將麵團切成小塊,薄薄地延展後加入奶油,再重疊放置麵團、奶油地交錯進行。

9

在此加入全體一半用量的奶油,重覆150次「延伸展開」、「折疊」的動作,使麵團結合。

 **Chef's comment** 　關 於 攪 拌

● **攪拌**

　將麵粉、砂糖放入結實的塑膠袋內，使塑膠袋飽含空氣地用力振動搖晃使材料均勻混拌。接著放入調溫過的牛奶、以攪拌器攪散的雞蛋、水以及空氣一起，像氣球般形狀地再次用力搖晃振動。使袋內的麵團像敲叩般地劇烈拍打在塑膠袋內側，使用兩手使麵團整合為一。

　其次，是從塑膠袋表面進行麵團的揉和，為使麵團中的麵筋組織可以更加強而有力連結，重覆同樣的動作。麵團某個程度整合之後，再將塑膠袋外翻取出麵團放在工作檯上，揉和麵團約40次。加入即溶乾燥酵母後，請再揉和10次。之後，進行自我分解。

　20分鐘後，重覆150次「延伸展開」、「折疊」的工序，加入即溶乾燥酵母，摩擦般地混入麵團中。

　接下來，將軟化成膏狀一半用量的奶油放入麵團中，摩擦般地混拌。若是要更加提高效率，則可以將麵團切成小分，在工作檯上少量延展，在表面塗抹奶油，之後再覆蓋上少量麵團，層疊麵團與奶油的工序。之後，再次重覆150次「延伸展開」、「折疊」的工序。

　其餘的奶油和鹽，也同樣地摩擦般混入麵團當中。從這個時間點開始，請再次重覆150次「延伸展開」、「折疊」的工序。確認麵筋狀態，當麵團可以薄薄地被延展，就是已經完成了。

確認麵筋狀態

請不時地試著確認麵筋狀態。當奶油、鹽全都放入並充分揉和後，可以薄薄地延展成可以薄透地看見指尖的程度，就是完成工序了。

10

推開麵團加入其餘的鹽和奶油。

11

之後同樣地重覆進行150次「延伸展開」、「折疊」的動作。

麵團溫度

12

量測揉和完成的麵團溫度（期待值是24～25℃）。

麵團發酵（一次發酵）

 注意避免乾燥！ 保持適溫！

13

整合麵團，放回缽盆中，覆蓋上保鮮膜，放置於近27℃的地方發酵60分鐘。

14

待膨脹至適度大小，以手指按壓測試後，會殘留下中指插入孔洞時，由缽盆中取出，輕輕按壓排氣。

 注意避免乾燥！ 保持適溫！

15

放入塑膠袋內，以擀麵棍均勻擀壓成1～2cm的厚度，靜置於冷藏室一夜。

分割・滾圓

16

麵團分切成32g×8、8g×8、40g×6。會因僧侶布里歐（brioche à tête）的菊型模大小而改變分切的重量。

17

各別輕輕滾圓。

中間發酵

乾燥注意！

18

排放在方型淺盤上，避免乾燥地覆蓋保鮮膜，放置於冷藏室靜置30分鐘進行中間發酵。

<Chef's comment> **關於揉和完成至中間發酵**

● **麵團溫度**

　揉和完成的溫度設定在24～25℃。因為放了較多的奶油,所以請注意最高也必須在27℃以下。

● **麵團發酵(一次發酵)與按壓排氣**

　以27℃、75%的環境為目標。60分鐘後按壓排氣,放入塑膠袋內將麵團擀壓成方便冷卻的1～2cm厚,放入冷藏室靜置。

● **冷藏發酵**

　放入塑膠袋的麵團,在冷藏室靜置一夜,使其冷藏發酵、熟成。

● **分割・滾圓**

　配合使用的模型進行重量的分切。此次使用的僧侶布里歐(brioche à tête)是32g和8g兩種,另外長條模(one loaf)是拿鐵魯布里歐(Brioches de nanterre)使用,分切成40g×6。

● **中間發酵(冷藏)**

　以30分鐘為標準。鬆弛(冷卻)至能夠整型的狀態後,再進入下個工序。在常溫下進行中間發酵的麵團會產生沾黏,難以進行整型工序,所以放入冷藏室。

冷藏

塑膠袋內的麵團,均勻地擀壓成扁平狀後放入冷藏室可以更容易冷卻,要恢復常溫時,也更容易升溫。

刷塗蛋液的使用區分

　如何區分刷塗蛋液的種類意外地困難。基本上,依據麵團的種類,來改變刷塗蛋液的配比(濃淡)。例如,法國麵包刷塗蛋白;餐包、糕點麵包是全蛋加50%的水;配比更為RICH(奶油、蛋等副材料比例高)則用全蛋。日式糕餅店的栗子饅頭等,使用全蛋再添加蛋黃,所以可以呈現更濃重的烘烤色澤;想要更樸質的烘烤色澤時,也可以刷塗牛奶。不可不經思索地全都刷塗全蛋。

整 型

整型成僧侶布里歐（brioche à tête）的形狀。32g的麵團正中央以中指按壓出孔洞，將8g的麵團整型成圓錐形（蕗蕎形）。這個圓錐形的細端插入32g的孔洞中，按壓至塗抹了奶油的菊型模當中。

拿鐵魯布里歐（Brioches de nanterre）是重新滾圓40g的麵團6個，如照片般，放入塗抹奶油的磅蛋糕模當中。

最後發酵（發酵箱發酵）·烘烤完成前的工序

進行40～50分鐘的最後發酵。最後發酵完成後刷塗蛋液（這段時間同時預熱烤箱、放入底部蒸氣用烤盤，溫度設定210℃）

放入烤箱前，再仔細刷塗一次蛋液，注意不要讓蛋液流至模型上。因為使用的是鐵製的菊型模，所以若再使用烤盤會導致下火過弱，所以請直接放在網狀烤架上。

麵團放入前，在底部蒸氣用烤盤內注入200ml的水分（要小心急遽產生的蒸氣）。

烘烤完成

接著立刻將麵團放入，（請放入下段）。設定溫度調降至200℃。

烘烤時間約8～10分鐘，但若有烘烤不均狀況產生時，則要前後替換網狀烤架的位置。

待全體呈現美味的烘烤色澤時，就完成了。取出後，在距工作檯10～20cm高的位置，連同網架一起撞擊至工作檯上。

`Chef's comment` 關 於 整 型 至 烘 烤 完 成

● 整型

僧侶布里歐（brioche à tête）模型有各式各樣的大小，所以必須分切成符合模型大小的重量。

本來麵團的2成是頂部頭形，但尚未熟練前工序上較困難，為了製作出穩定的形狀，將2成的麵團切開，做成圓錐形（蒟蒻形），其餘8成的麵團則做成圈狀。將圓錐形（蒟蒻形）的細長部分埋入中間孔洞中。

另外，拿鐵魯布里歐是將重新滾圓的6個麵團，填放至模型中烘烤而成，在塗刷了奶油的模型內，以均等的間隔放入。

● 最後發酵（發酵箱）／烘烤前的工序

請以27℃、80%的環境為目標，緩慢地進行最後發酵。此時必須注意避免表面乾燥。

在麵團仍留有部分彈力的狀態下，由發酵箱取出，使表面略微乾爽。然後仔細地刷塗上蛋液。待其乾爽放入烤箱前，再次刷塗蛋液。這種麵團的奶油比例較高，蛋液比較不易刷塗，所以要刷塗兩次。在這個情況下，放入烤箱時就不一定需要加入蒸氣了。

刷塗的蛋液，是將全蛋打散（用攪拌器輕輕混拌），使蛋白和蛋黃均勻。無論如何都會混入氣泡，所以最好是在前一天先加少量的鹽混合好備用。若是急著使用，雖然有點浪費，但請將浮在攪散蛋液表面，有氣泡的部分先用毛刷除去丟棄。

● 烘烤完成

以200℃，完成8～10分鐘的最後工序。有烘烤不均的狀況時，請在烘烤過程中前後左右替換地調整位置，使其烘烤出均勻色澤。在既定時間內，烘烤的時間較短時，越容易烘烤出表皮薄且具光澤的成品。待呈黃金褐色、看起來美味的淺褐色時，就必須迅速地從烤箱中取出，連同烤架一起撞擊至工作檯上。

應用篇

**留下麵團，
待日後烘烤的方法**

1 分割時，取下必要用量後，其餘麵團放入塑膠袋內，均勻延展成1～2cm的厚度，放入冷藏室保存。這樣也是冷藏熟成。

2 翌日或第三天，由冷藏室取出麵團，接著進行從16開始的工序。

3 若想要放置三天以上時，請冷凍保存。即使是冷凍保存，也請確認在一週之內完成烘烤。想要烘烤的前一天，先將冷凍室的麵團移至冷藏室，再從16開始進行工序。

完成烘烤
放入模型烘烤的拿鐵魯布里歐，在14～16分鐘前，表面就快烤焦時，請加以覆蓋。建議使用兼具柔軟和重量的影印紙進行覆蓋。

鄉村麵包

PAIN DE CAMPAGNE

又稱「農家麵包」。一般而言，經常可以看到的是裸麥配比的成品，只是裸麥很容易沾黏，所以用手揉和時，比例請控制在5%以內，即使如此都還能充分品嚐享受到裸麥的風味。說個小秘密，在我的店內還會加入10%的煮熟馬鈴薯，產生的甜味會讓麵包更具風味，在此介紹給大家。

工 序	
■ 攪拌	用手揉和（40次↓ IDY10次 AL20分鐘 ↓發酵種（pate ferumentee）150次 ↓鹽100次↓馬鈴薯100次）
■ 麵團溫度	24～25℃
■ 發酵時間（27℃、75%）	60分鐘 按壓排氣 60分鐘
■ 分割‧滾圓	250g
■ 中間發酵	30分鐘
■ 整型	枕形
■ 最後發酵（32℃、75%）	50～70分鐘
■ 烘烤完成（220℃→210℃）	25分鐘

IDY：即溶乾燥酵母　AL：自我分解

Chef's comment　材料的選擇方法

使用一般稱為法國麵包用粉的準高筋麵粉。這種麵包，若用蛋白質含量較高的麵包用粉（高筋麵粉）製作，會作出彈韌太強、無法咬斷的麵包。

不使用全裸麥粉，而是採用裸麥粉。全麥粉也包含麩皮，會感覺粗糙和隱約的苦味，所以不使用。此外，雖然裸麥粉含有各種不同程度的灰分含量，但本次用量是5%，所以不需要太拘泥堅持。

使用的是一般的即溶乾燥酵母（紅）。

直接使用會因黏度太高而難以量測，可以先加水稀釋成2倍。長時間保存會開始產生發酵，所以稀釋液也請不要一次製作過多。

這種麵包添加的副材料，只有鹽而已。如果對鹽講究的人，建議可以將注意力放在這種麵包上。但要將鹽的風味反映至麵包，也是相當困難的吧。

這個也沒有限制。用一般的自來水即可。

250g鄉村麵包2個的份量

材　料	粉類250g時（g）	烘焙比例%（%）
麵粉（麵包用粉）	237.5	95
裸麥粉	12.5	5
即溶乾燥酵母（紅）	2	0.4
麥芽精（euromalt・2倍稀釋）	1.5	0.6
發酵種（pate ferumentee）（前一日的法國麵團）	75	30
鹽	5	2
馬鈴薯（已煮熟）	25	10
水	160	64
合計	517.5	207

馬鈴薯，可以水煮或用保鮮膜包覆後，放入微波爐加熱也沒有關係。

攪拌

1

將2種麵粉放入塑膠袋內,使袋內飽含空氣地充分搖晃。以手按壓塑膠袋底部邊角,使袋子成為立體狀更易於混拌。

2

加入麥芽精和水。沾黏在麥芽精容器內的部分,以部分預備用水沖洗後倒入袋內。

3

再次使塑膠袋呈立體狀,並使麵團撞擊塑膠袋內側般地確實強力搖晃振動。

4

當袋內材料成為某個程度的塊狀時,直接在塑膠袋上方確實搓揉。

5

把塑膠袋內側翻出,將麵團取出放至工作檯上,約揉和40次。加入即溶乾燥酵母,再揉和約10次。

自我分解→
詳細請參照P.83。

6

 注意避免乾燥! 保持適溫!

滾圓麵團,接口閉合處朝下放置於缽盆,避免乾燥地包覆保鮮膜約放置20分鐘,進行自我分解。

7

取出麵團,加入發酵種揉和100次。之後推開麵團加入鹽,使其均勻地重覆100次「延伸展開」、「折疊」的組合動作,進行揉和。

8

推開麵團,加入煮熟的馬鈴薯,再次重覆100次「延伸展開」、「折疊」的組合動作,使麵團結合。

9

確認揉和完成的麵團溫度(期待值是24～25℃)

Chef's comment　關 於 攪 拌

● 攪拌

　將麵粉和裸麥粉放入塑膠袋內，在粉類的狀態下用力振動搖晃使其均勻。加入調整過溫度的水和麥芽精，使塑膠袋飽含空氣地像氣球般用力振動搖晃，使袋內的麵團像敲叩般地劇烈拍打在塑膠袋內側，並重覆這個動作。

　某個程度形成塊狀後，從塑膠袋表面揉和麵團，使麵團中的麵筋組織可以更加強化。之後從袋內取出麵團，揉和約40次，加入即溶乾燥酵母後，請再揉和10次，使麵團合而為一，避免乾燥地放置自我分解20分鐘。

　20分鐘後，變得柔軟的麵團中再加入發酵種揉和100次，推開麵團，加入鹽，再揉和100次。再次推開麵團，加入馬鈴薯，再揉和100次。

　在此時結束麵團的攪拌也可以，或是再使麵筋組織更加結合也行。初次製作時，外觀很重要。即使做不成麵包，至少也要讓麵筋更加強化地再多揉和一下也可以。確認麵筋狀態，呈現出較厚的薄膜狀，即已完成攪拌。

● 麵團溫度

　揉和完成的麵團溫度設定以24～25℃為目標。

確認麵筋狀態
雖然厚，但麵團可以如此被延展，就表示攪拌完成了。

麵團發酵（一次發酵）

注意避免乾燥！保持適溫！

10

整合麵團，放入缽盆中。避免乾燥地覆蓋上保鮮膜，放置於27℃的地方約60分鐘，進行發酵。

11

待時間結束後，按壓排氣。（從麵團中排出氣體，重新滾圓）。

注意避免乾燥！保持適溫！

12

再次放回缽盆中，覆蓋保鮮膜，與10相同的環境下再次放置發酵60分鐘。

分割·滾圓

13
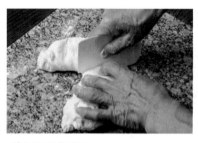

將麵團切分成半。

14

各別將其輕輕地重新滾圓（輕輕敲叩後折疊，整型成枕頭狀）。

中間發酵

注意避免乾燥！保持適溫！

15

放置中間發酵30分鐘，避免麵團乾燥。

整型

16

輕拍麵團，整型成橢圓形。　由身體方向及外側各別折入形成三折疊。

將左右兩端的部分各別向中間折入，並按壓中央處。　按壓閉合接口。

再次對折，並以手掌根部按壓，整型成枕頭狀。

Chef's comment 關 於 發 酵 至 整 型

Bread making tips
〈麵包製作的要訣〉

● **麵團發酵（一次發酵）與按壓排氣**

　　在27℃、75％的環境下，發酵60分鐘，之後按壓排氣（麵團由缽盆中取出，輕輕地重新滾圓），再進行60分鐘的發酵工序。通常，法國麵包最初的發酵時間以90分鐘居多，但在此因為添加了具發酵能力的麵團（發酵種pate ferumentee），因此可以縮短時間。

　　麵筋組織具有類似形狀記憶合金的性質，發酵時的形狀會在烤箱中再次重現，所以發酵時請使用與最後成品形狀相似的缽盆。

● **分割‧滾圓**

　　在此將預備用量分切成2等分，約是1個250〜260g的大小，經過最後發酵、烘焙過程，體積大約會增加4倍，所以請大家配合自己家的烤箱大小、烤盤大小，來決定分切的尺寸。

　　輕輕地滾圓即可。想像整型的形狀，想整形成長形就折疊成長形，想整成圓形就滾圓成圓形，輕輕地滾圓備用。

● **中間發酵**

　　其他麵包需要較長的時間，請以30分鐘左右來考量，期間也請注意避免麵團乾燥。

● **整型**

　　即使專業麵包店都覺得困難，就是整型的強度。這個時候過度用力整型，會使麵包的彈力過強，反而體積不顯，所以請輕輕地整型。

　　整型成圓形時，在發酵籐籃（專用模型）或廚房的箱籠上舖放布巾，撒上手粉後，將麵包表面朝下地放置。在競賽時，很多人都會製作出各式各樣形狀的就是這種麵團。當習慣製作後，就請試著挑戰各種形狀吧。

手指按壓測試

以中指深深地插入，若麵團的孔洞仍能保持殘留狀態，就是按壓排氣的最佳時機。

應用篇

**留下麵團，
待日後烘烤的方法**

1 分割時，取下一個的份量後，其餘麵團放入塑膠袋內，均勻延展成1〜2cm的厚度，放入冷藏室保存。這樣也是冷藏熟成。

2 翌日或第三天，由冷藏室取出麵團（麵團溫度約5℃），靜置於溫暖處1小時（也會因室溫而異，但約上升至20℃左右）。

3 確認麵團溫度達17℃以上後，接著進行從13開始的工序。

※ 法國麵包、鄉村麵包以外的麵團雖然可以冷凍保存，但沒有添加砂糖、奶油的麵團，是不適合冷凍保存的，而且冷藏熟成2〜3天就已經是極限了。

最後發酵（發酵箱發酵）・烘烤完成前的工序

注意避免乾燥！保持適溫！

17

將麵團放置在折出皺摺的帆布（或布巾）上，進行50～70分鐘的最後發酵。（這段時間同時預熱烤箱、放入底部蒸氣用烤盤，若是上下兩段的烤箱，則將烤箱專用烤盤反面地放入下段備用。溫度設定220℃）

18

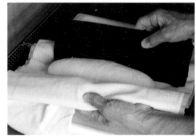

將麵團移到可一次將其移動至烤箱內的板子（或是厚紙板）上。此時在個別麵包下舖放烤盤紙。

19

在麵團上，刀刃垂直地劃入，形成格狀切紋。

烘烤完成

20

將盛著麵團的厚紙板放入烤箱深處。

21

將麵團連同烤盤紙，一起放至反面放置的烤盤上。在底部蒸氣用烤盤內注入50ml的水分（要小心急遽產生的蒸氣）。立刻關閉烤箱門，並將設定溫度調降至210℃。

22

烘烤時間25分鐘。若有烘烤不均的狀況產生時，要打開烤箱，將烤盤的位置前後替換。若表面光澤不足時，可以在烘烤中打開烤箱，在麵包表面噴灑水霧。待全體呈現美味的烘烤色澤時，就完成了。

 **Chef's comment** 關 於 最 後 發 酵 至 烘 烤 完 成

● 最後發酵（發酵箱）／烘烤前的工序

以32℃、75%為目標地進行最後發酵，大約是50～70分鐘。最後發酵時間過長，會成為體積大而輕的麵包。

● 烘烤完成

以210℃、20分鐘為目標。

事先，將烤盤反面朝上地預先放入烤箱，同時也將蒸氣用烤盤放入烤箱底部。

在與烤盤同樣大小的板子上舖放烤盤紙，將完成最後發酵的麵團接合處朝下地置於其上。以波紋刀（或以夾在竹筷中的雙面刮刀替代）在表面劃出割紋。請從麵包表面垂直地劃入1～1.5cm左右的割紋。

將麵團連同烤盤紙，一起送入預先反面放入烤箱的烤盤上，迅速地抽出板子。當麵團順利地放至反面朝上的烤盤後，快速地將50ml的水分注入預先放入的蒸氣用烤盤中。會急遽產生蒸氣，所以要注意讓蒸氣保持在烤箱內地儘速關閉烤箱門。

一連串的動作會使烤箱內溫度急速下降，所以請預先設定較高10℃的220℃。待全部動作結束，關閉烤箱門門之後，再將溫度設定改為210℃，烘烤至最後。若產生烘烤不均的狀況時，請將烤盤前後左右替換地調整，使其烘烤出均勻色澤。

覺得烘烤完成時，從烤箱中取出麵包，請戴手套用手拿取，個別敲叩麵包的底部，確認是烘乾的聲音（konkon、kankan）即是完成烘烤。仍是濕潤的聲音（pokopoko）時，請再多烘烤一下。

而且將每一個麵包都輕輕地敲叩在工作檯上，也可以有撞擊麵包的效果。

Bread making tips
〈 麵包製作的要訣 〉

移動麵團的板子

最後發酵後，為了將麵團移至移動板（或是厚紙板）的板子上，建議可以用絲襪或褲襪般具伸縮性的化學纖維材料包覆板子，即可避免麵團的沾黏。

丹麥糕點麵包

DANISH PASTRY

風車形

菱形

半月形

三角形

鑽石形

脆餅形（croquant）

比可頌更具豐富層次的麵包。以較硬、糖分較少的麵團折疊入奶油，大多是丹麥糕點麵包類型；加入了糖分、油脂、雞蛋，甜麵包卷般的派皮中折疊入奶油，則是美國糕點麵包類型，此配方是取兩者之間，請視它為日本糕點麵包類型。

工 序

■ 攪拌	用手揉和（40次↓ IDY 150次↓鹽100次）
■ 麵團溫度	22～24℃
■ 放置時間	30分鐘
■ 分割	無
■ 冷凍（-20℃）	30～60分鐘
■ 冷藏	1小時～一夜
■ 裹入油、折疊	6mm厚三折疊3次
■ 整型	正方形（3cm正方形50g）
■ 最後發酵（27℃、75%）	50～70分鐘
■ 烘烤完成（210℃→200℃）	10～12分鐘

IDY：即溶乾燥酵母

Chef's comment 材料的選擇方法

麵包用粉（高筋麵粉）在食用時口感較強韌，欠缺鬆脆感，所以使用法國麵包用粉（準高筋麵粉）。如果無法取得，則請在麵包用粉中加入20%左右的中筋麵粉或低筋麵粉調和使用。

使用低糖專用酵母，也就是一般的即溶乾燥酵母（紅）。

一般廚房中所使用的鹽即可。

平常使用的砂糖即可。

因為想要製作出美味的丹麥糕點麵包，所以使用奶油或發酵奶油。因攪拌時間短，所以奶油呈現膏狀後，從開始就一起加入攪拌。

可以呈現良好的烘烤色澤，使用淨重的全蛋。

平常廚房常備飲用的牛奶即可。

這款麵包與其他麵包不同，希望麵團完成時的溫度在24℃以下，儘可能在22℃左右，所以使用的是冰水。請於前一晚先將自來水裝入保特瓶內放至冷藏冰冷備用。夏天時，這樣的寶特瓶冰水，也可以靈活運用在其他麵團的製作。

奶油或是發酵奶油先放入塑膠袋內，使其成為20cm的正方形，放入冷藏室備用。（請參照P.135）

50g麵團12個的份量

材　　料	粉類250g時（g）	烘焙比例%（%）
麵粉（法國麵包用粉）	250	100
即溶乾燥酵母（紅）	7.5	3
鹽	5	2
砂糖	37.5	15
奶油（膏狀）	37.5	15
雞蛋	37.5	15
牛奶	75	30
水	25	10
裹入用奶油	150	60
合計	625	250

其他材料

- 刷塗蛋液（雞蛋：水＝2：1，加入少許鹽而成）　適量
- 內餡用：卡士達奶油餡、核桃　　各適量
- 表面食材：杏桃果醬、洋梨（罐頭）、杏子（罐頭）、新鮮水果其他　　各適量

攪拌

1

將粉類和砂糖放入塑膠袋內，使袋內飽含空氣地充分搖晃。以手按壓塑膠袋底部邊角，使袋子成為立體狀更易於混拌。

2

加入放至柔軟成膏狀的奶油、充分攪散的雞蛋、牛奶和水分。

3

再次使塑膠袋飽含空氣成立體狀，使麵團撞擊塑膠袋內側般地確實強力搖晃振動，使麵團變成鬆散狀。

4

當袋內材料成為某個程度的塊狀時，直接在塑膠袋上方確實搓揉使麵團結合。

5

把塑膠袋內側翻出，將麵團取出放至工作檯上，揉和40次，加入即溶乾燥酵母。

6

重覆150次「延伸展開」、「折疊」的動作。

麵團溫度

7

加入鹽，再次重覆100次「延伸展開」、「折疊」的動作。

8

麵團某個程度結合起來即可。

9

量測揉和完成的麵團溫度（期待值是22～24℃）。

Chef's comment　關 於 攪 拌

● 攪拌

　這種麵團，與可頌同樣的不需要麵筋組織的結合。過程中會將奶油層狀包覆折疊，所以這樣的工序就相當於攪拌工序了。若開始就十分紮實地攪拌，會使麵團過度結合，在折疊入奶油時，延展麵團會非常辛苦，最後導致過度攪拌。

　這款麵團，也非常適合以塑膠袋來進行製作。事先將粉類放入塑膠中，用力振動搖晃使材料均勻混合。接著加入在室溫下柔軟成膏狀的奶油、攪散的雞蛋、冰牛奶和水、空氣一起，再次閉合袋口用力搖晃振動，使袋內的麵團像敲叩般拍打在塑膠袋內側般努力動作。袋內某個程度呈塊狀後，直接在塑膠袋上方確實搓揉使麵團結合。之後，由塑膠袋中取出麵團，揉和約40次。

　之後，加入即溶乾燥酵母（紅）至麵團中，再揉和150次左右。在此也不需揉和至產生麵筋，再加入鹽繼續揉和100次。加入的所有材料均勻混拌後，某個程度不再沾黏時即已足夠，會成為略硬的麵團。

● 麵團溫度

　麵團揉和完成溫度以24℃以下，理想為22℃。因揉和完成的溫度較一般麵包低，因此希望大家能從最初的材料溫度開始留意。粉類是室溫，自來水會因季節而不同，請意識到各種材料的溫度，包括攪拌環境，並確保能夠低溫地完成揉和來調整水溫。

工作檯的溫度調整
在大的塑膠袋內裝入約1ℓ的熱水（夏天時是冰水），擠出空氣，使其不會外漏地栓緊後，放置在工作檯不使用處，不時地與使用處交替放置。邊溫熱（冷卻）工作檯邊進行攪拌工序，比調整室溫更具效果。工作檯如照片般使用石製品會有較佳的蓄熱性，請務必一試。

> ※與可頌相同，丹麥糕點麵包不需要麵筋組織的結合，所以無需進行自我分解。

COFFEE TIME

注意工序溫度！

　這款麵團需要以低溫完成，所以請先充分瞭解粉類、水的溫度、對麵包酵母的影響，再進行準備。例如，先將即溶乾燥酵母混拌至麵粉中再加水，夏季當然會使用15℃以下的水，若低溫水分與即溶乾燥酵母接觸，會損及酵母的活性。所以請在麵粉、砂糖和調整過溫度的水一起製作成麵團後，確認麵團溫度在15℃以上，再添加溶乾燥酵母。

麵團發酵（一次發酵）

注意避免乾燥！保持適溫！

10

麵團閉合接口處朝下，放入均勻刷塗了奶油的缽盆中，靜置於27℃的地方約30分鐘，進行發酵（與其說發酵不如說是使麵團休息的感覺），避免乾燥地包覆保鮮膜。

※利用這個時間準備裹入用的奶油。請參照→P.135

11

30分鐘後，放入塑膠袋內。

12

以擀麵棍從塑膠袋上按壓至麵團延展成1cm的厚度。

注意避免乾燥！

13

放入冷凍室
30～60分鐘，
充分冷卻。

確認充分冷卻

注意避免乾燥！

14

移至冷藏室，
進行60分鐘至一晚的
冷藏熟成。

裹入油・折疊

15

用美工刀切開塑膠袋的兩邊，取出麵團。裹入用奶油也在進行工序前15～30分鐘，從冷藏室取出，使其與麵團硬度相同。

16

麵團擀壓延展成裹入用奶油的2倍大。將塑膠袋裝著的奶油放置在麵團上確認大小，同樣地用美工刀切開塑膠袋的兩邊，取出奶油，以90度交錯地放置在麵團上。

17

像風呂敷巾般地用麵團包裹住奶油，注意避免麵團邊緣過度重疊。以擀麵棍從麵團上方按壓接合處（到此為止的工序就稱為裹入油）。

Chef's comment 關 於 揉 和 完 成 至 冷 藏 麵 團

Bread making tips
〈麵包製作的要訣〉

● 麵團發酵（一次發酵）

　這種麵包，與其說是麵團發酵，不如請想成是麵團的靜置時間。只要麵團鬆弛，呈現滑順狀態即可，靜置在室溫中約30分鐘。（利用這30分鐘，準備折疊用奶油。）

　30分鐘之後，按壓排氣再放入塑膠袋內冷卻，緩慢地進行發酵及熟成。

● 分割

　此次預備的用量，不需進行分割。

　麵包店內因一次大量製作，所以在麵團開始冷卻前，會先進行分割的工序。

● 冷凍

　請將麵團放入塑膠袋內，並用擀麵棍從塑膠袋表面將麵團擀壓成厚1～2cm的薄片狀。這個工序是為使麵團容易冷卻。在冷凍室冷卻30～60分鐘，麵團周圍結凍的程度即可。長時間冷凍時，請在睡前先將裝有麵團的塑膠袋從冷凍室移至冷藏室。

　翌日，進行裹入油工序時，從冷藏室取出麵團。在此之前的15～30分鐘，請先將前一天準備好的奶油從冷藏室中取出恢復至室溫，使奶油成為容易延展的狀態（硬度），（這是非常重要的重點）。

準備裹入用奶油

①奶油切成相同的厚度，放入略厚的塑膠袋內（如果有寬20cm的大小就更方便了）。

②最初先用手按壓，請按壓至沒有空隙的狀態。

③用擀麵棍敲叩、按壓地將其延伸展開。

④擀壓成20cm的正方形後，儘速放入冷藏室。

※奶油在開始進行裹入油工序的15～30分鐘前，先由冷藏室取出，使其能與麵團有相同的硬度（這是非常重要的重點）。

18

維持20cm寬幅，將麵團上下擀壓延展成60cm的長度。

19

刷去表面多餘的手粉，將麵團三折疊。

20

對齊邊緣（這裡進行1次三折疊）。到此為止的工序中，如果麵團仍有沾黏時，則再次裝入塑膠袋內放入冷藏室冷卻。

21

方向轉動90度，同以樣20cm寬幅，上下擀壓成60cm的長度。

22

仔細刷去手粉，將麵團三折疊。

23

這裡就完成2次三折疊了。

24

裝入塑膠袋內，以擀麵棍整合形狀，在冷藏室靜置麵團30分鐘以上。

25

確認麵團充分冷卻後，再次重覆21、22的工序。

26

到這裡就完成3次三折疊，裝入塑膠袋內在冷藏室靜置麵團30分鐘以上。

Chef's comment　關於裹入油・折疊

● 裹入油、折疊

　終於開始進行麵團包覆奶油的工序了。將冷藏室拿出來的麵團由塑膠袋內取出，麵團擀壓延展成奶油2倍大的正方形，與延展後的麵團交錯90度的位置上，擺放裹入用奶油。

　像風呂敷巾包住糕點盒般包覆，下方的麵團覆蓋住上方的奶油，麵團四個邊緣確實緊密貼合，完全包覆住奶油。接著用擀麵棍將包覆奶油的麵團薄薄地擀壓延展，若是麵團隨意貼合，就會造成奶油的溢出。

　將麵團的每個方向都擀壓延展成3倍的長度。請漸次緩慢地進行擀壓延展。重點就在於麵團與奶油有相同的硬度，如果能確實遵守這個重點，其實是出乎意料的簡單，麵團也能順利地延展。

　待延展至3倍的長度後，再將麵團進行三折疊（如果麵團溫度升高產生沾黏，則再次裝入塑膠袋內放入冷藏室冷卻30分鐘。）。再次90度地改變方向，延展至3倍的長度後三折疊，再次裝進塑膠袋內，避免乾燥地放入冷藏室冷卻30分鐘。再一次90度改變方向，延展至3倍的長度後，進行三折疊。如此，麵團的層次就會有3×3×3＋1的28層了。

刷除多餘的手粉
在折疊麵團時，必須仔細地刷去多餘的手粉。

COFFEE TIME

什麼是3×3×3＋1？

可能大家對於1有很深的疑惑。請試著自己畫圖看看，最初的裹入油工序，麵團是有上、下2層的！

整 型

27

確認麵團充分冷卻後，由塑膠袋內取出麵團，再次擀壓延展成寬20cm、厚3mm。

28

切齊兩側，將切下的麵團另外集中，放入冷藏室。

29

切成10cm×10cm的正方形。50g×12（或60g×10）。分切結束的麵團，再次放入冷藏室，使麵團的溫度在冷藏室內下降（約30分鐘）。

30　確認麵團充分冷卻後，依以下方式進行整型。

風車形

在正方形對角線的直角上劃入切紋，在接合處刷塗蛋液，麵團單邊尖角向中央折入，確實按壓。

★4角都折入按壓後，在中央處擠出卡士達奶油餡，在最後發酵時也可以控制住膨膨程度，使得表面食材可以更容易裝飾擺放。

菱形

依對角線對折，在距邊緣8mm寬，直角處1cm左右地劃切出切紋。再次將切開的細帶狀部分刷塗蛋液，分各拉起，使其交叉放置。

★在中心部分擠出少量的卡士達奶油餡，最後發酵時也可以控制住膨膨程度，使得表面食材可以更容易裝飾擺放。

半月形

在麵團正中央擠出一字形的卡士達奶油餡，在貼合接口部分刷塗蛋液，對折。劃切出5條左右的切口，再展開成扇形。

Chef's comment　關 於 整 型

● **整型**

　進行3次三折疊的麵團（因為想要充分冷卻，而放置較長時間），放入冷藏室靜置後，進入整型工序。

　麵團薄薄地擀壓延展成寬20cm、厚3mm的片狀，之後用刀子（或比薩滾輪刀）分切成10cm的正方形，全部分切後在此稍稍靜置。至此為止的工序，若麵團的溫度升高，奶油就會沾黏，所以請將切成正方形的麵團排至方型淺盤中，並將麵團放入冷藏室約30分鐘，使其再度冷卻。

　30分鐘後，確認麵團充分冷卻，開始進入整型工序。最後發酵、烤箱中，隨著發酵的推進，大約會膨脹3～4倍，因此請考量其膨脹大小，以較大的間距排放。

　如果直接放置最後發酵，會無法擺放各式水果，所以擠上少量的卡士達奶油餡作為重石，恰到好處地做出表面凹陷。

應用篇

**留下麵團，
待日後烘烤的方法**

1　切分成正方形，避免乾燥地放入塑膠袋內，冷凍。因放置於冷藏時，發酵仍會緩慢進行，特地製作出奶油層次會因而消失。

2　翌日或2～3天後，由冷凍室取出麵團，靜置於室溫下10分鐘，從30開始進行工序。即使麵團在冷凍的狀態，也請於一週內完全使用完畢。

卡士達奶油餡的製作方法
→請參照P.66。

鑽石形

在正方形的四週刷塗蛋液，彷彿拉開四個邊角般向中間集中折疊，用力按壓。

★在四個邊角折疊按壓處，擠出少量的卡士達奶油餡，最後發酵時也可以控制住膨脹程度，使得表面食材可以更容易裝飾擺放。

三角形

在正方形的對角線上擠出一字形的卡士達奶油餡，在接合處刷塗蛋液後對折。

脆餅

切下的麵團邊緣，再切成1cm的寬度，放入鋁杯中，加入細砂糖和核桃碎。

最後發酵（發酵箱發酵）·烘烤完成前的工序

31

預留充分間隔地排放在烤盤上，在27℃、75%發酵箱內，進行50～70分鐘的最後發酵。無法全部一起烘焙時，留待之後烘烤的麵團先放至低溫環境中備用。

32

完成最後發酵，在麵團表面仔細地刷塗蛋液，此時必須注意避免將蛋液塗至麵團切口。風車形狀放置杏桃；菱形放置切片的洋梨，待刷塗的蛋液呈半乾狀態時，放入烤箱。在麵團放入前，在底部蒸氣用烤盤內注入200ml的水分（要小心急遽產生的蒸氣）。放置的水果，像桃子、鳳梨（僅限罐頭）、橘子等儲藏室有的罐頭即可。

烘烤完成

33

接著立刻將排放麵團的烤盤放入（分上下段時，請放入下段。），關閉烤箱門並將設定溫度調降至200℃。

34

烘烤時間為10～12分鐘。若有烘烤不均勻的狀況，要打開烤箱，將烤盤的位置前後替換。

35

待全體呈現美味的烘烤色澤時，從烤箱取出後，在距工作檯10～20cm高的位置，撞擊至工作檯上。

放入第二片烤盤時

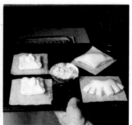

將完成最後發酵的半月形、鑽石形、三角形上刷塗蛋液。脆餅則是撒上細砂糖後刷塗蛋液。
再次將烤箱設定溫度調高至210℃，重覆33、34、35的工序。

Chef's comment 關 於 最 後 發 酵 至 烘 烤 完 成

● **最後發酵（發酵箱）**

以27℃、75％來進行最後發酵。奶油的融解溫度是32℃，所以請以低5℃以下的溫度來進行。約60分鐘左右。

● **烘烤完成**

從發酵箱取出，在表面刷塗蛋液，此時若將蛋液刷塗在奶油層，則特地費工夫製作的奶油層就無法漂亮地開展，因此請注意避開奶油層進行刷塗。

以210℃，約烘烤10～12分鐘左右。此時緩慢地烘烤可以揮發麵包的水分，溢流出的奶油會產生焦香，而香氣移至麵包更添美味。若烤箱溫度太低，就無法烘烤出具光澤且呈現美味烘烤色澤的成品，所以請務必多加留意。

此時，烘烤完成的撞擊非常重要。試著僅取出一個，其他的麵包請連同烤盤一起強力撞擊在工作檯上。比較看看，給予撞擊的麵包有更明顯漂亮的層次，口感也更好，這就得感謝撞擊所帶來的效果了。

第二片的烤盤

烤盤不足或沒有在烤盤上刷塗奶油時，就利用烤盤紙吧。從最後發酵至放入烘烤，可以輕鬆的移動麵團進行工序。

烘烤完成時，在風車形和菱形麵包表面，刷塗稀釋並加熱過的杏桃果醬。

烘烤完成時的鑽石形，再次擠卡士達奶油餡，裝飾上草莓或藍莓。

後 記

各位覺得如何呢？是否樂在其中地閱讀？或是開心地完成烘烤呢？

烘焙了10個種類的麵包，接下來是否還有20種、50種，這都取決於您自己所下的工夫，以及是否有足夠的積極性。在日本，大約有9000間以上的地方麵包店，相信您家附近也一定有美味的麵包店，平常應該都能享受其中的飄香及美味吧。請務必下定決心，將自己烘烤的麵包拿去麵包店請益一次。在日本，或者說全世界的麵包店，應該都會出乎意料地親切。相信麵包店的師傅一定可以成為像家庭醫師般，可以諮商、最好的指導老師。

曾有人說「烘烤麵包的人一定都很時尚」。這是因為師傅們要兼具烘烤麵包時，將麵團整型成美味的外觀、烘烤成金黃褐色的感性，與窮究為何麵包能夠膨脹、產生迷人香氣與風味等科學的理性之故。沒有全心全力投入，無法烘烤出美味的麵包，這樣專注付出的價值存在於麵包製作之中。

本書所有的麵包，使用的都是市售的即溶乾燥酵母。之後，我想我會嘗試改用自己製作的發酵種，來取代市售的麵包酵母，並觀察會有什麼改變，又或是改用日本國產小麥來製作時，必須要改變哪些部分、能烘烤出什麼樣的麵包、烘烤出的麵包又有什麼不同呢。

對各位來說，現在是踏入麵包製作世界的第一步。接下來還有無限寬廣、樂趣無窮的世界在等著大家。如果時間允許，也考慮在自己的店內，開設以本書為主的基礎麵包教室。屆時會PO在本店的fcaebook上，希望能跟大家一起開心沈醉在美妙的麵包製作世界裡。

最後，要感謝為本書的企劃、製作、編輯投入大量精力、充滿熱情、給予多方建議，有限会社たまご社的松成容子女士。為極為任性的我們擔任攝影的菅原史子女士，以及為我們精美完成設計的吉野晶子女士，在此誠摯地表達感謝之意。也感謝對於任性的我，給予溫暖、守護、包容與協助的妻子與家人，再次由衷地感謝大家。

致麵包屋店主們～

　　請務必爲顧客當中喜歡麵包的人，開設麵包教室。意外地會發現，以手揉和麵包製作相當困難。即使利用機器總能製作出美味麵包，但改以手作時，初期必定也會陷入苦戰。用手揉和製作也有手作的困難與關鍵。

　　附近愛好麵包的人士，應該會成爲支持自己麵包店最強而有力的夥伴。對麵包製作共同的興趣，可以在SNS上交流資訊，同樣也能替自己的麵包店打開新視野、新世界。

竹谷　光司　Koji Takeya

1948年出生於北海道。北海道大學畢業後，進入山崎麵包。經由Heinrich Freundlieb先生的介紹，進入舊西德（現德國）Peach Brot GmbH公司接受麵包的研究進修。1974年回到日本同時進入日清製粉。經歷日本麵包技術研究所（JIB）、美國麵包製作學校（AIB）的研習後，與日本年輕有志於烘焙工房（Retail Bakery）者共同成立烘焙論壇，奠定了現今烘焙發展的基礎。之後從事綜合粉類、小麥、麵粉、製粉以及食品基礎之研究，2007年任職製粉協會、製粉研究所，並於此與全國的育種家成為知己。2010年在千葉縣佐倉市開設了「美味麵包研究工房・TSUMUGI」。2017年，在工房2樓經營咖啡廳。因為一直有許多專業麵包師和家庭麵包製作者，經常到訪並提出問題，開始有了執筆本書的構想。著有「麵包科學終極版」（PANNEWS公司出版1981～／大境文化繁體中文版）

美味しいパンの研究工房・つむぎ
〒285-0858　千葉県佐倉市ユーカリが丘2丁目2-7　　Tel & Fax 043-377-3752

協力：一般社団法人ポリパンスマイル協会　梶　晶子		製　作	有限会社たまご社
日清フーズ株式会社　前田竜郎		編　輯	松成　容子
千葉県佐倉市在住　浅野ケント　（敬称略）		攝　影	菅原　史子
		設　計	吉野　晶子(Fast design office)
		插　畫	竹谷　朋子

Easy Cook

麵包科學·實作版　從最初最基本的麵包製作

作者　竹谷　光司

翻譯　胡家齊

出版者 / 大境文化事業有限公司　T.K. Publishing Co.

發行人　趙天德

總編輯　車東蔚

文案編輯　編輯部　美術編輯　R.C. Work Shop

台北市雨聲街77號1樓

TEL：(02)2838-7996　　FAX：(02)2836-0028

法律顧問　劉陽明律師　名陽法律事務所

二版日期　2024年9月

定價　新台幣 480元

ISBN：9786269849437　　書　號　E136

讀者專線　(02)2836-0069
www.ecook.com.tw
E-mail　service@ecook.com.tw
劃撥帳號　19260956 大境文化事業有限公司

PRO NO RIRON GA YOKUWAKARU ICHI KARA NO PAN ZUKURI
© KOJI TAKEYA 2018
Originally published in Japan in 2018 by ASAHIYA PUBLISHING CO.,LTD.,TOKYO.
Chinese translation rights arranged through TOHAN CORPORATION, TOKYO.

麵包科學·實作版　從最初最基本的麵包製作
竹谷　光司　著　初版. 臺北市：大境文化，
2024　144面；19×26公分. ----(Easy Cook系列；136)
ISBN：9786269849437　　1.CST：點心食譜　2.CST：麵包　　427.16　　113010998